Hans-Rainer Heinrich

Raus

Zu Fuß von Meißen nach Paris

Erfahrungen meiner Auszeit

ISBN: 978-3-384-14719-6

Druck und Distribution im Auftrag des Autors.

tredition GmbH, Self-Publishing,
Heinz-Beusen-Stieg 5, 22926 Ahrensburg, Germany

tredition GmbH, Abteilung "Impressumservice",
Heinz-Beusen-Stieg 5, 22926 Ahrensburg, Deutschland.

Alle Fotos stammen vom Autor.

Titelfoto: Weg im zentralen Hunsrück bei Gösenroth, zwischen Lindenschied und Hochscheid, Verbandsgemeinde Herrstein-Rhaunen, Landkreis Birkenfeld

Für alle Menschen, die den Mut haben sich aufzumachen,
um ihrer inneren Stimme zu folgen.

Inhaltsverzeichnis

Vorwort

Vom 8. Mai bis 17. Juli 2023 bin ich von Meißen in Sachsen nach Paris gelaufen, zehn Wochen und ein Tag, 15 Ruhetage eingeschlossen, 1.456 km. Wie es dazu kam und was ich so erlebt habe, davon möchte ich in diesem Buch erzählen.

Kurz zu meiner Person: ich bin 1963 in Bad Kreuznach (Rheinland-Pfalz) geboren, bin seit 1992 mit derselben Frau verheiratet, wir haben drei erwachsene Kinder und ein Enkelkind. Ich arbeite als Ingenieur für Tief- und Wasserbau in einem mittelgroßen Dresdner Büro in der Planung und Bauüberwachung, überwiegend von größeren Kanalbaumaßnahmen.

Außer dass ich hier einige Anekdoten und Erlebnisse meiner langen Wanderung sowie die ein oder andere Erkenntnis veröffentliche, möchte ich Ihre Lust und Ihr Interesse wecken zu überlegen, ob und wie Sie eine Auszeit für sich gestalten können. Denn im Grunde habe ich gar nichts Besonderes gemacht, das können Sie auch! Lesen Sie selbst...

Eine Bemerkung zur weiblichen/männlichen Anredeform: ich habe mich bemüht, von Pilgern und Pilgerinnen, jeder und jedem usw. zu schreiben. Im vollen Bewusstsein, dass Sprache auch Verhalten und Einstellungen formt, habe ich dennoch ab und zu im Sinn der besseren Lesbarkeit auf die Nennung beider Formen verzichtet. Dies soll keine Abwertung von Personen des nicht genannten Geschlechts bedeuten.

1 Vorgeschichte

Vor ungefähr 12 Jahren hatte ein Arbeitskollege, ein Alphatier und eine natürliche Autorität in unserem Büro, einen Burn-out. Auch im Bekanntenkreis hörte ich hin und wieder von psychischen Überlastungen – bei anderen sieht man das ja ganz klar und rät ihnen dringend, kürzer zu treten. Ich sagte mir damals: „Das will ich nicht haben! Spätestens wenn ich 60 werde, rede ich mit meinem Chef und mache eine Auszeit."

Vor ca. neun Jahren hatte ich einen sehr schmerzhaften Bandscheibenvorfall, eine Folge meiner überwiegend sitzenden Tätigkeit, meiner schwachen Bauchmuskulatur und sicher auch der Auswirkungen beruflicher Belastung. Ich wurde damals mit Blaulicht ins Krankenhaus gefahren und fiel im Büro für ca. drei Monate aus, die Reha und spätere Operation nach einem Rückfall eingerechnet.

Als ich 2022 überlegte, wie ich meinen 60. Geburtstag feiern will, kam auch das Thema „Auszeit" und „Burn-out-Prophylaxe" wieder hoch. Der Wunsch, eine Zeitlang aus dem Alltag auszusteigen, wurde immer stärker in mir. Das war jetzt einfach dran! Ich habe, und ich glaube, das ist das Entscheidende, mein Bedürfnis, nicht auszubrennen und plötzlich „aus den Latschen zu kippen", über die Anforderungen des Berufs- und Privatalltags gestellt. Eine innere Stimme sagte mir ganz deutlich: „Ich brauche das. Ich darf das jetzt. Ich tue jetzt etwas für mich."

In einem günstigen Moment sprach ich meinen Chef darauf an: „Ich will nächstes oder spätestens übernächstes Jahr eine Auszeit machen, drei Monate". Er fragte, was ich vorhätte. „Wandern. Wohin, weiß ich noch nicht, vermutlich nach Westen, meine Verwandtschaft besuchen, vielleicht bis Paris, wenn ich es zeitlich schaffe." Seine Antwort: „Da würde ich am liebsten mitlaufen, aber als Chef komme ich hier aus der Firma nicht raus."

Wir verständigten uns über den Zeitraum: Mai bis Juli 2023 und über Gehalt/Überstunden/Urlaub in diesem Jahr. Das lief sehr gut und einvernehmlich. Dafür bin ich sehr dankbar.

Meine Frau war erst nicht begeistert, drei Monate alleine zu sein. Aber sie verstand den Wunsch, mein „Hamsterrad" für eine Weile zu verlassen und einfach loszulaufen. Schließlich sagte sie: „Ich glaube, das wird dir guttun" und gab mir ihren „Segen".

2 Vorbereitungen

2.1 Ausrüstung

Das erste, was ich mir besorgte, waren Wanderstöcke, gebrauchte teleskopierbare Walking-Stöcke. Unser ältestes Kind ist nach dem Abitur mit seinem besten Freund den Jakobsweg von Meißen nach Santiago de Compostela gelaufen und hatte mir von den Vorzügen eines Wanderstocks erzählt.

Dann fiel mir zufällig das Buch „Weite Wege wandern" von Christine Thürmer in die Hände. Sie ist ja *die* deutsche Langstreckenwanderin schlechthin („Wege unter 1.000 km fange ich gar nicht erst an") und so las ich das Buch mit wachsendem Interesse. Sie plädiert für eine Ultraleichtausrüstung von maximal 6 kg, zuzüglich Wasser und Verpflegung. Ich nahm mir also vor, dass mein Rucksack samt 2 Litern Wasser und etwas zu essen nicht schwerer als 10 kg werden sollte

Neu gekauft habe ich mir die folgenden Teile:

- einen Sommerschlafsack; von einem sog. Quilt, einer Decke, habe ich abgesehen; ein Teil zum Zuziehen und Reinkuscheln ist mir lieber
- eine 3,5 cm dicke Isomatte; die hätte ruhig dicker sein können!
- ein leichtes Ein-Mensch-Zelt (1,25 kg);
  erst wollte ich mir ein Tarp besorgen, eine Art Plane als Wind- und Regenschutz, die man mit Schnüren befestigen und abspannen kann, aber ein Zelt mit „Reißverschluss zu und Mücken draußen" war mir dann doch lieber
- einen kleinen Gaskocher
- eine Gaskartusche (230 g Gas, 380 g Gesamtgewicht)
- einen kleinen Topf.

Damit war ich einschließlich Rucksack bei rd. 5 kg. Mit Wechselsachen, sonstigem Kram (ein kleiner Medizinbeutel, Waschzeug, Handyladegerät etc.), 2,3 l Wasser und etwas Verpflegung (Müsliriegel, Müsli, Brot, Käse, Tütensuppen) bin ich mit 13,9 kg auf dem Rücken losgelaufen. Das war deutlich mehr, als ich geplant hatte. Ich sah aber keine Möglichkeiten zum Reduzieren des Gewichts. Das passierte dann in Fulda, siehe Kapitel 3.6.

Beim „sonstigen Kram" möchte ich ein leeres DIN A 5-Notizheft hervorheben: meine Frau schenkte es mir, ein schönes Teil mit hellblauen Deckblättern und Blumenprägung aus unserem örtlichen Weltladen.

2.2 Ziel und Route

Mir war es wichtig zu laufen und unterwegs zu sein. Natürlich ist dabei ein Ziel und eine grobe Orientierung zum Wegverlauf sehr hilfreich. Da mein Wohnort Meißen im Osten Deutschlands liegt und ich aus Rheinland-Pfalz stamme, kam mir die Idee, die Wanderung mit einem Besuch meiner Verwandtschaft zu verbinden, also zu meinen Wurzeln zu laufen.

Der Weg nach Westen war für mich auch insofern interessant, weil unsere jüngste Tochter 2019/20 ein soziales Jahr in Paris gemacht hat. Aus dieser Zeit gibt ein schönes Foto in unserer sozialen Familiengruppe, auf dem sie vor dem Eiffelturm in Paris steht. Diese Pose wollte ich auch haben. Der Eiffelturm hat mich im Verlauf meiner Wanderung sozusagen angezogen.

38 km elbabwärts von Meißen, in Strehla, quert der ökumenische Pilgerweg die Elbe. Er verläuft von Görlitz nach Eisenach/Vacha. Ich dachte mir, für den Anfang ist es ganz hilfreich, auf einem bekannten und örtlich markierten Weg zu gehen. Im weiteren Verlauf habe ich gemerkt, dass das

Laufen auf einem Pilgerweg, auf dem schon Jahrhunderte vor mir Menschen mit einem Anliegen gelaufen sind und auf dem bis heute Menschen unterwegs sind, etwas „hat": eine Verbundenheit, eine Art Sicherheit. Ich werde noch darauf zu sprechen kommen.

In Vacha/Rhön gibt es einen Anschluss-Pilgerweg über Fulda, Frankfurt, Bingen nach Trier. Wunderbar, das war genau meine Route nach Westen. In Bingen konnte ich für einige Verwandtenbesuche kurz abzweigen und im Hunsrück wieder auf den Pilgerweg stoßen.

Abbildung 1: Wegeskizze Meißen – Frankfurt

Abbildung 2: Wegeskizze Frankfurt – Saarlouis

Ich nutzte die Gelegenheit, einige Bekannte auf dem Weg zu besuchen und bei ihnen zu übernachten (Dorndorf/Rhön, Frankfurt, Warmsroth/Vorderhunsrück bei meinem Bruder, Bad Kreuznach, Hallschied/Hunsrück).

Von Trier aus gibt es einen Pilgerweg nach Reims und dann weiter nach Südwesten in Richtung Santiago de Compostela. Und von Reims nach Paris ist es noch rd. eine Woche zu laufen. In Trier wurde mir aber klar, dass ich „zu früh" in Paris sein würde: ich hatte ja eine 3monatige Auszeit vereinbart, also 13 Wochen. Eine Woche früher zu Hause sein, war optimal (zur Eingewöhnung; außerdem war dann mein 60. Geburtstag). Aber vier Wochen früher zu Hause hätte bedeutet: ich arbeite an Haus und Grundstück herum und verkürze die Möglichkeit, mich mal wirklich drei Monate rauszunehmen aus dem Alltagsgetriebe.

So schwenkte ich in Trier nach Süden ins Saarland ab. Dort wollte ich schon immer mal hin. Meine Bundeswehr-Dienstzeit habe ich in Idar-Oberstein verbracht, dort waren auch viele Saarländer, ein gemütliches, sympathisches Völkchen. Zu einem Stubenkameraden, Christian, hatte ich schon früher einmal Kontakt aufgenommen, ich wollte ihn besuchen und könnte bestimmt dort übernachten.

Von Saarlouis, der „heimlichen Hauptstadt" des Saarlands, lief ich dann nach Metz und von dort über Reims nach Paris. Die drei Kartenausschnitte zeigen meinen ungefähren Wegverlauf.

Abbildung 3: Wegeskizze Saarlouis – Paris

2.3 Routenplanung

Im oben erwähnten Buch von Christine Thürmer fand ich
den Tipp, zwei unabhängige Navigationssysteme dabeizu-
haben, also Handy-App und Karte/Kompass oder GPS-
Handgerät.

Papierkarten habe ich wegen des Gewichts und der Menge
gleich ausgeschlossen. Nach einigen Recherchen besorgte
ich mir ein gebrauchtes GARMIN-GPS-Navigationsgerät,
das Modell 62s mit installierter Deutschlandkarte sowie einem Akkuladegerät und 2 Reserve-Akkus. Nach etwas Aus-
probieren kam ich gut damit klar. Es ist etwas „old-school“,
man muss mit Tasten hinein- und herauszoomen, aber es
hat mich in 95 % der Fälle über schmalste Wiesen- und
Waldwege sicher ans Ziel geführt. Bei den restlichen 5 %
war der Pfad in der Natur auf einmal „weg“, weil z. B. der
Förster ein Waldstück verwildern ließ oder ein Landwirt
den Weg neben seinem Feld mit umgepflügt hatte. Vor Erfurt durchschnitt einmal eine neue ICE-Trasse den bisherigen Feldweg. Irgendwann fand ich dann eine neue Brücke
über die Gleise …

Zur Grobplanung für ca. eine Woche bzw. für die grobe
Route zwischen großen Städten nutzte ich eine übliche
Wander-App auf dem Handy. Dazwischen legte ich im Ab-
stand von ca. 25 km die Tagesetappen fest. Ich kam mit
mapy.cz am besten zurecht.

In Anlehnung an das alttestamentarische Gebot: ‚6 Tage
sollst du arbeiten, am 7. aber ruhen.‘ empfiehlt Christine
Thürmer, nach 6 Wandertagen einen Ruhetag einzulegen.
Diesem Rat folgte ich auch bzw. die Ruhetage verbrachte
ich in größeren Städten wie Leipzig, Erfurt, Fulda. Manchmal legte ich auch nach 4 Tagen eine Pause ein, z. B. um
mir nach Trier Saarlouis anzuschauen. Schließlich wollte
ich ja nicht durch meinen Weg hetzen, sondern auch etwas
von der Kultur der Region erfahren. In meinem Leben

hetze ich oft genug von Termin zu Termin, da kann ich es beim Wandern mal ruhiger angehen lassen. Aber auch diese Erkenntnis ist gewachsen, mehr dazu siehe im Fulda- und im Erster-Engel-Kapitel.

Kalkuliert habe ich mit 25 km pro Tag und 150 km pro Woche. Das kam, im Nachhinein betrachtet, auch gut hin.

2.4 Quartiere

Das Laufen auf dem Pilgerweg hat den Vorteil, dass es neben den Wegmarkierungen auch Pilgerunterkünfte gibt. Im Netz fand ich einen Pilgerführer mit relativ aktuellen Quartieren. Ich rief dort einige Tage vorher an und reservierte einen Platz. Das klappte meist auch ganz gut. Es war ein gutes Gefühl zu wissen, wo ich am nächsten und übernächsten Tag übernachten würde.

Wo es keine Pilgerquartiere gab, fragte ich bei Kirchgemeinden oder in Pensionen an. In großen Städten suchte ich mir über einschlägige Internetplattformen eine Unterkunft. Bis auf eine Ausnahme im Saarland kam ich immer passabel bis sehr gut unter.

In Frankreich funktionierte das nicht, weil ich kein Französisch spreche. Da musste Plan B ran, dazu später mehr.

2.5 Abschied

Anfangs hatte ich die Vorstellung, eine größere Abschiedsfeier zu organisieren und so ca. 20 Freunde und Nachbarn einzuladen. Meine Frau fand das gar nicht gut.

Angesichts der knapper werdenden Zeit und einer angespannten Situation im Büro (Projektabgabe und -übergaben), und da eine Feier ja nicht mit Bier einkaufen vorbereitet ist, ließ ich das bleiben.

Allerdings lud ich nach dem Hinweis eines lustigen und durstigen Kollegen („Also Hans, da muss schon ein Ausstand her. Und nach drei Monaten wieder ein Einstand!") meine Arbeitskollegen am 1. Mai zu einem Umtrunk mit Schnittchen ein. Mit einigen Ehepartnern stießen wir zu Neunt auf gesunde Füße und eine gute Tour an. Der von einem Kollegen mitgebrachte hölzerne Wanderstock mit eingebranntem Namen ersetzte die vorgesehenen Allerwelts-Walkingstöcke und hat mich die ganze Zeit treu begleitet.

Was mir auch wichtig war: ein Reisesegen. Am Sonntag, dem 7. Mai, einen Tag vor dem Aufbruch, hat mich Pfarrerin Henke nach dem Gottesdienst vor dem Altar der Johanneskirche in Meißen gesegnet. Außer meiner Frau Feli und unserer jüngsten Tochter waren noch drei Freunde in der Segensrunde dabei. Das tat mir sehr gut und gab mir die Gewissheit, nicht als Einzelner, sondern behütet loszugehen.

3 Unterwegs in Deutschland

3.1 Von Meißen nach Leipzig

Am Montag, dem 8. Mai 2023 (das Datum wurde in DDR-Zeiten als „Tag der Befreiung" [vom Nazi-Regime, Anm. d. Autors] begangen) ging es nach dem Frühstück los. Meine Frau begleitete mich die ersten 4 km. Das war sehr wohltuend; ich empfand es als sehr erleichternd, in Harmonie und Frieden von zu Hause wegzugehen. Während vor mir zwölf Wochen Abenteuer und Abwechslung lagen, blieb meine Frau in ihrem Alltag zurück. Das ist ungleich schwerer. Ich war sehr froh, dass mich Feli so frei und ohne Vorhaltungen ziehen ließ.

Abbildung 4: Abmarsch von Zuhause

Wir liefen gemeinsam nach Rottewitz, ein nach Meißen eingemeindetes Elbweindorf. Dort wohnt Felis Großcousine Birgit mit Ehemann Ulrich, und ich hatte uns zum Kaffee und Verabschieden eingeladen. Wir wohnen zwar relativ nahe beieinander, Birgit ist auch unsere Trauzeugin, aber im Alltag hat jeder von uns seine Sorgen und sein eigenes Hamsterrad, sodass wir uns maximal einmal im Jahr sehen. Meine Wanderung war ein schöner Anlass, dort einzukehren, und wir waren auch sofort in gutem Kontakt.

Danach verabschiedete ich mich von meiner Frau und lief auf einem schönen Feldweg Richtung Diesbar-Seußlitz, das Navi um den Hals. Mein Wanderstock klackte in regelmäßigem Rhythmus und ich betrachtete die rapsgelbe Landschaft. Ich fühlte mich so frei und dankbar, so froh, in meinem Tempo zu laufen, auszuschreiten – herrlich! Das Gefühl von Dankbarkeit war die gesamte Wanderzeit in mir. Ich war dankbar für die Zeit, die vor mir lag, für das Laufen in der freien Natur, dass mein Körper mich ohne Schmerzen trug, dass meine lange geplante und oft imaginierte Auszeit nun Wirklichkeit war.

Abbildung 5:Die ersten Kilometer

Meine erste Pause machte ich vor Diesbar-Seußlitz an einer Bank mit Tisch und Blick auf die Weinberge und das darunter liegende Elbtal. Trotz des sonnigen Tages wehte ein unangenehm kühler Wind. Ich war froh um mein Halstuch und meine Mütze, die ich zusätzlich zu meinem Lederhut dabeihatte.

Nach Diesbar-Seußlitz verlief der Weg weiter an der Elbe entlang in ein Gebiet, das mir nicht unbekannt, aber in dem ich nicht regelmäßig unterwegs war: kleine Elbdörfer, unterbrochen von dem großen Wacker-Chemiewerk in Nünchritz. Zuletzt war ich hier vor vielleicht 15 Jahren bei einer Radtour.

Die erste Übernachtung würde im Zelt an einem hoffentlich ruhigen Plätzchen sein. Eine unserer Töchter hatte
mich gewarnt, dass wildes Zelten im Natur- und Vogel-
schutzgebiet neben der Elbe illegal wäre und sehr teuer
werden könnte. Das verunsicherte mich etwas. Eine Frau,
bei der ich um Wasser bat und mit der sich ein dreiviertel-
stündiges Gespräch ergab, beruhigte mich: „Hier kommt
keiner und zeigt Sie an." Sie benannte mir einige geeignete
Stellen zum Zelten, und ich zog frohgemut weiter.

Im Windschatten eines großen Erd- und Aussichtshügels,
vermutlich Aushubmassen eines nahegelegenen Wohnge-
biets, baute ich mein neues kleines Zelt auf. Ich hatte das
zuhause zum Glück schon mal geübt. Mit dem Gaskocher

erhitzte ich
Wasser für
eine Tüten-
suppe und
Tee. Zusam-
men mit ei-
nem Stück
Gouda und
zwei Scheiben
Brot war das
Abendessen
komplett.

Abbildung 6: Erste Übernachtung

Danach war es ca. 19 Uhr, zu früh, um in den Schlafsack zu
kriechen. Ich setze mich auf eine Bank an der Elbe, ließ ein
paar Boote auf der Elbe und die Ereignisse des Tages vor-
beiziehen. Ich nahm mein leeres Heft zur Hand und schrieb
auf, was ich heute erlebt hatte. Dann überlegte ich, wie ich
morgen laufen wollte, an der Elbe entlang oder über Zeithain. Ich entschied mich für Zeithain. Am Wasser gefällt es
mir zwar, aber der Elberadweg wird mit der Zeit auch
langweilig. Dann gab ich die entsprechenden Wegepunkte

in mein Garmin-GPS-Gerät ein; das war etwas mühsam, ich musste sie von der Handy-Karte in das Garmin übertragen und viel hinein- und herauszoomen. Nun, das ist eine Art Männerspielzeug. Im weiteren Verlauf der Wanderung habe ich einfach mein Tagesziel eingegeben und ließ das Gerät den optimalen Weg suchen.

Ich spürte meine Waden und meine Füße; das war eher angenehm: ‚Ich hab mich gut bewegt.‘

Dann legte ich im Handy eine Tabelle an, in der ich die Übernachtungsorte, gelaufene Strecke und Zeiten festhalten wollte. Das hat sich sehr bewährt; den einen oder anderen Ort hätte ich sonst vergessen; außerdem interessierte mich schon, wie viel Kilometer ich insgesamt gelaufen war. Im Anhang ist die Tabelle beigefügt.

Der Auszug in Abbildung 7 gibt die Spanne der Tagesstrecken gut wieder. Und aus der Differenz von Gesamtzeit zu gelaufener Zeit sieht man, dass ich oft lange Pausen gemacht habe.

Datum	Tag	Ü-Ort	Ü-Platz	Tag	Gesamt	Wo.		Zeit	
				km	km	km	Los	An	Gesamt	Gelaufen
08.05.2023	1	Leckwitz	Zelt	22	21,9		08:30	17:30	9h	04:42
09.05.2023	2	Strehla	Pilgerhaus	19	40,4		08:00	13:30	5h 30m	04:10
10.05.2023	3	Börln	Gem.raum	27	67,7		06:40	15:00	8h 20m	05:50
11.05.2023	4	Wurzen	Bioladen	16	83,8		07:00	11:00	4h	03:10
12.05.2023	5	Leipzig-Thekla	Gartenhaus	35	118,7		06:30	16:30	10h	06:37
13.05.2023	6			0	118,7	118,7			0	

Abbildung 7: Auszug der Streckentabelle

Die zweite Übernachtung war in Strehla im Pilgerhaus neben der evangelischen Kirche geplant. Tagsüber lief ich nach schönen Feldwegen zum ersten Mal auf einem Radweg neben einer vielbefahrenen Straße, nicht romantisch, aber besser als im Bankett oder Straßengraben, was später auch noch vorkam. Nach der Elbquerung mit der Personenfähre in Lorenzkirch kam ich am frühen Nachmittag im

Pilgerhaus an. Das ist ein Ort wie im Bilderbuch: ein ordentliches Bett, frisch bezogen; ich war alleine in einem Dreierzimmer, ein ruhiger gemütlicher Innenhof, in Laufentfernung ein Bäcker und ein Lebensmittelgeschäft. Im Pilgerhaus gab es eine Küche, sogar eine Waschmaschine und natürlich eine ordentliche Dusche. Nach meiner Zeltübernachtung war das alles purer Luxus.

Erfrischt, trotz leichtem Ziehen in den Oberschenkelmuskeln, lief ich am nächsten Tag weiter zum Tagesziel nach Börln. Bei der Etappenplanung habe ich mich an einer aktualisierten Unterkunftstabelle des ökumenischen Pilgerwegs orientiert, die ich im Internet fand. Es gibt auch ein Büchlein mit Wegebeschreibung, aber das hatte ich aus Gewichtsgründen nicht dabei.

Am Vormittag kam ich in Lampertswalde zum Burgcafé im Schlosspark Lampertswalde, ein ganz tolles Plätzchen: ein kleiner Teich in einem gepflegten Park, Tische und Stühle standen draußen. Leider war geschlossen. Ich fand aber die Chefin beim Kuchenbacken, die mir gerne einen Kaffee machte. Ich saß dort eine ganze Weile und genoss das Ambiente: so friedlich, so urlaubsmäßig – ich war begeistert.

Eines der Gebäude in dem Ensemble war ein Raum für Pilger neben der verschlossenen Kirche. Dort stand eine Schale mit Äpfeln, frisches Wasser, etwas zum Lesen und ein Buch zum Einschreiben von Grüßen und Gedanken. Am Tag zuvor hatte jemand notiert: „Ein schöner Ort hier, nur schade, dass die Kirche nicht offen ist. Constanze aus Dresden."

In die Kirche wäre ich auch gerne reingegangen. Und ich dachte: Vielleicht lerne ich diese Constanze ja noch kennen.

Als ich weiterlief und auf einer Bank neben einem Feldweg rastete, hielt ein Mann im Geländewagen an und fragte mich nach dem Woher und Wohin. Es stellte sich heraus, dass er der hiesige „Großbauer" ist. Nachdem er lange Zeit Verwalter in einem großen Landwirtschaftsbetrieb war, sprach ihn der Eigentümer an: „Ich bin jetzt zu alt und will mich zur Ruhe setzen. Ich würde dir den Betrieb übergeben. Aber zum Marktpreis." Er nahm einen Kredit über 10 Mio Euro auf und nahm die Herausforderung an.

Gegenseitig beeindruckt von unseren Geschichten verabschiedeten wir uns herzlich und ich zog beschwingt weiter. Ja, nicht nur Müsliriegel und Nüsse gaben mir Auftrieb, sondern auch gute Gespräche, ein Zunicken eines LKW-Fahrers, ein erwiderter Gruß eines Bauern auf dem Feld.

In Dahlen, einem 4.000-Einwohner-Städtchen, aß ich bei einem Inder gut zu Mittag und lief anschließend zu meinem Tagesziel nach Börln ins Pfarrhaus. Die rd. 6 km zogen sich; ich kam müde an. Die Unterkunft war schlicht, aber in Ordnung: ein Gemeindesaal mit Tischen und Stühlen in der Mitte und Schränke mit Spielen und Liederbüchern an den Wänden; dazu noch ein Klavier. Ich schob die Stühle zusammen und legte mir 10 cm dicke Schaumstoffmatten, die auf den Schränken lagen, an eine Wand, darauf meine Isomatte und meinen Schlafsack. Es gab eine saubere Dusche und einen Wasserkocher sowie ein paar Teebeutel.

Draußen im Gemeindegarten rückte ich mir einen Stuhl zurecht und schrieb etwas Tagebuch. Zuvor hatte ich meine Füße mit Ringelblumensalbe, von meiner Frau mit Olivenöl und Bienenwachs hergestellt, eingerieben. Ich dachte mir, meine Füße abends einzucremen und zu massieren und mich bei ihnen für die Schritte des Tages zu bedanken, ist sicher eine gute Sache. Diese beiden Tätigkeiten, Tagebuch schreiben und Füße eincremen, wurden im Verlauf der Wanderung zu einer schönen Abendroutine.

Der Pfarrer hatte mir gesagt, am späten Abend kämen noch zwei Pilgerinnen. Nachdem ich gegessen hatte – Brot, Käse, Kräutertee – und fast bett- bzw. schlafsackfertig war, kamen sie an: Manu und Charis aus dem Erzgebirge. Sie waren auf dem ökumenischen Pilgerweg unterwegs und liefen jedes Jahr zwischen Himmelfahrt und Sonntag einige Etappen. Wir sprachen kurz über unsere Wege und Quartiere, dann mümmelte ich mich in meinen Schlafsack, während sie sich ihre Plätze bereiteten und noch etwas aßen.

Am nächsten Morgen wurde ich um 6 Uhr wach, stand leise auf, frühstückte, packte mein Zeug zusammen und ging um 7 Uhr los. Die beiden schliefen noch; wir würden uns am Abend im nächsten Quartier in Wurzen wiedertreffen.

Die 16 km lief ich in angenehmem Wanderschritt, also schon ausschreitend, aber ohne Eile und war um 11 Uhr in Wurzen. Das Pilgerverzeichnis gab die „Kräuterfee" als Unterkunft an. Ich wäre gerne noch ca. 10 km weitergelaufen, fand aber kein geeignetes Pilgerquartier. Andererseits hat es auch Vorteile, gegen Mittag am Ziel zu sein, nämlich die Möglichkeit zum Mittagsschlaf, zu ausführlichem Tagebuchschreiben, zur Stadterkundung.

Die „Kräuterfee" war eine sehr engagierte Frau kurz vor dem Rentenalter. Sie betrieb in dieser Kleinstadt einen gut sortierten Laden mit Bioprodukten („Du bist, was du isst!") und trotzte tapfer dem Trend vieler Verbraucher, Billig-Bio im Discounter zu kaufen. Ich bewunderte ihr Engagement sehr.

In der oberen Etage gab es zwei Räume, in denen sich vier Schlafplätze, also Betten und eine Couch, befanden, dazu eine Dusche und ein Küchenbereich. Überall hingen Pilgersprüche, Jakobsmuscheln und allerlei Ermutigungen und Sinnsprüche. Die Inhaberin sagte mir unten im Laden, dass schon eine Pilgerin oben sei, sie erhole sich von einem Magen-Darm-Infekt, und dass sie für heute Abend noch zwei Pilgerinnen erwarte. „Ich glaube, die kenne ich", meinte ich und stapfte mit meinem Rucksack nach oben.

Ich stellte mich der Pilgerin vor, sie hieß Constanze. Ich fragte: „Constanze aus Dresden?" und beantwortete ihr Erstaunen mit dem Eintrag in das Pilgerbuch in Lampertswalde, den ich gestern gelesen hatte. Wir kamen schnell in einen guten Austausch. Am Abend hatten wir uns gegenseitig unser halbes Leben erzählt.

Wie kam das? Menschen, die auf einem Pilgerweg unterwegs sind, haben oft ein Anliegen. Meins war, nach 32 Berufsjahren und nach der Hausbau- und Kinderzeit mal rauszugehen, mehr als drei Wochen Jahresurlaub zu nehmen und das Hamsterrad des Alltags eine Zeitlang zu verlassen. Constanze, verheiratet, zwei Jungs im vorpubertären Alter, wollte Zeit für sich haben. Sie läuft jedes Jahr eine Woche auf dem ökumenischen Pilgerweg.

Und es ist klar, dass jede, jeder für sich läuft, in ihrem oder seinem Tempo und Tagesetappen. Man trifft sich in einem Quartier, vielleicht auch noch im nächsten, und dann vermutlich nie wieder. Das erzeugt eine Offenheit und eine Zuhör- und Redebereitschaft, die ich so im Alltag nicht erlebe. Eine wunderbare Erfahrung, nicht nur mit Constanze, auch mit anderen Menschen.

Nach einem Mittagessen in einem Imbiss um die Ecke (nicht in demjenigen, wo sich Constanze den Magen verdorben hatte!) widmete ich mich einer meiner Lieblingsbeschäftigungen, dem Mittagsschläfchen. Dazu kam es im weiteren Verlauf leider sehr selten; ich war oft bis zum späten Nachmittag unterwegs. Nur in Städten, in denen ich einen Ruhetag einlegte, habe ich mir das eingerichtet.

Dann sah ich mich in Wurzen um, besuchte den Dom (ja, in diesem Kleinstädtchen gibt es einen über 900 Jahre alten Dom!) und das Stadtmuseum mit einem Joachim-Ringelnatz-Raum. Ich freute mich auf ein paar schöne witzige Gedichte des hier geborenen Humoristen, wurde aber enttäuscht. Gezeigt wurden hauptsächlich unwitzige Skizzen und Zeichnungen sowie Stationen seines Lebens. Nun, etwas kulturelle Weiterbildung habe ich schon erhalten.

Im Dom las ich auf einem Plakat von einem Vortrag, der am Abend hier stattfinden sollte: „Die Kirchen und der Krieg" (gemeint: der Ukraine-Krieg). Ein Professor aus Westdeutschland sollte sprechen. Ich ging hin, habe aber keine Erinnerung mehr an Inhalte.

Am nächsten Morgen bin ich früh um 6:30 Uhr in Wurzen losgelaufen. Laut Navi sollten es 28,5 km bis zu meinem Quartier in Leipzig-Thekla sein. In Machern fand ich einen Bäcker mit angeschlossenem Café und einer Toilette, das war wichtig! Dann lief ich einen schönen Weg durch Felder, rapsgelb vor strahlend blauem Himmel, wie die ukrainische Flagge. An einem Abzweig stand eine Information über eine christliche Lebensgemeinschaft in Pehritzsch, die Zimmer an Tagesgäste vermietet. Sie hat einen alten Pfarrhof übernommen und neuen Schwung ins Dorf gebracht. Das klang sehr interessant, aber mich zog es nach Leipzig.

Abbildung 8: Auf dem Weg nach Leipzig

Zwischendurch packte ich an einer Bank neben einem Kinderspielplatz meinen Gaskocher aus und machte mir eine Tütensuppe zu Mittag.

In Taucha erreichte ich die Parthe, verirrte mich etwas im Wald bei Plaußig-Portitz und kam nach 10 Stunden, um

16:30 Uhr und nach 35 gelaufenen Kilometern, in meinem Quartier an.

3.2 Leipzig

Die Unterkunft in Leipzig kannte ich schon seit ein paar Jahren: Im Zuge eines meiner Kanalbauprojekte hatte ich das Grundstück wegen der Erneuerung des Abwasser-Hausanschlusskanals begangen . Der Eigentümer hat in seinem herrlichen wilden Garten ein Häuschen gebaut, mit viel urwüchsigem Holz, zwei Betten, eine super eingerichtete Küchenzeile und mit Komposttoilette und Solardusche, alles ganz liebevoll gestaltet.

Abbildung 9: Radlerpension in Leipzig-Thekla

Damals dachte ich: da würde ich gerne mal Urlaub machen! Und nachdem meine Wanderpläne konkrete Gestalt angenommen hatten, war klar, dass ich dort übernachten will.

Der Herbergsvater war sehr nett und zuvorkommend. Er ist selbst begeisterter Fernradler und hat die Übernachtungshütte so gebaut, wie er es sich auf seinen Reisen wünscht. Dieser Ort war einer der schönsten auf meiner gesamten Tour! Unter der ansprechenden Adresse: https://www.bleibe-einfach.de/ gibt es noch mehr Bilder und Informationen. Falls ihr einmal dort übernachtet, bitte schöne Grüße von mir ausrichten!

Dort wollte ich, nach vier Wandertagen schon, einen Ruhetag einlegen. Für den Anfang fand ich das ganz gut. Außerdem halte ich einen Ruhetag in einer größeren Stadt für angenehmer als in einer kleinen Landunterkunft: man kann kulturell etwas erleben und bei Bedarf die Ausrüstung ergänzen.

Online bestellte ich mir am nächsten Morgen für den Abend eine Karte für die „Academixer" (ich liebe Kabarett!). Während ich noch überlegte, wie ich den freien Tag gestalten will, bekam ich erst leichte, dann stärkere Kopfschmerzen, dazu Schüttelfrost und eiskalte Füße. Ich nahm eine Ibuprofen-Tablette aus meinem Medizinbeutel ein (Hinweis: das ist keine Werbung; es gibt auch Schmerztabletten anderer Hersteller), trank viel heißen Tee und lag im Bett. Die Kabarettvorstellung in ein paar Stunden schrieb ich ab. Glücklicherweise ging es mir am späten Abend besser und am nächsten Tag wieder gut.

Am Morgen, ein Sonntag, wollte ich einen Gottesdienst besuchen. In Leipzig empfehlen sich dafür die Thomaskirche und die Nikolaikirche. Mich zog es in die Nicolaikirche, die ja vor und in der Wendezeit eine tragende Rolle gespielt hat. Dann erreichte mich eine Nachricht meiner Mitpilgerin Constanze, die auch in Leipzig war, dass sie in die Thomaskirche gehe, dort singe der Thomanerchor.

Das war ein starkes Argument; die Thomaner kannte ich nur aus dem Radio und wollte sie schon immer mal live hören und sehen. So fuhr ich mit dem Bus in die Innenstadt und suchte mir einen schönen Platz in der Thomaskirche, von dem aus ich den Chor sah. Constanze kam auch dazu und wir erlebten einen zweistündigen Gottesdienst mit klassischem Chorgesang und einer richtig guten Predigt. Außerdem befindet sich, das war für mich eine Überraschung, das Grab von Johann Sebastian Bach im Chorraum der Kirche. Ich fand es sehr erhebend, am Grab des Mannes zu stehen, der so tolle Musik geschaffen hat! Auf der Grabplatte lagen frische Rosen, rote, gelbe, weiße und cremefarbene.

3.3 Von Leipzig nach Erfurt

Danach verabschiedete sich Constanze in Richtung Hauptbahnhof und Familie; ich lief nach Westen, vorbei an der Kläranlage Rosenthal und entlang des Luppedamms. Der Weg verlief mal auf, mal hinter dem Damm und wurde mit der Zeit etwas öde. Fünf Stunden und 24 km später erreichte ich mein nächstes Quartier, die Kirche in Kleinliebenau.

Abbildung 10: Am Luppedamm

Dort waren alle Türen verschlossen, aber bei der angegebenen Handy-Nr. meldete sich gleich jemand, der in zehn Minuten kommen wolle. Das war der Pilgervater Thomas, ein 55jähriger Frührentner, der dieses Quartier ehrenamtlich betreute. Auf dem Dachboden der kleinen Bruchsteinkirche befand sich ein ca. 4 x 5 m großer Raum mit Holzdielen, in dem vier Matratzen hochkant lagerten. Ich legte mir eine zurecht, meinen Schlafsack obendrauf und fertig war das Nachtquartier.

Abbildung 11: Quartier in Kleinliebenau

Thomas war ein Jogger, Weitwanderer und ehemaliger Marathonläufer. Er war sehr redselig und zugewandt. Ich hatte den Eindruck, er freute sich über die Abwechslung, die das Betreuen der unterschiedlichen Pilger ihm brachte. Bevor ich den Dachboden betrat, meinte er, er hätte eine Überraschung für mich und hielt mir einen handgeschriebenen Zettel hin. Darauf standen Grüße von Manu und Charis, die ich in Börln und Wurzen getroffen hatte und die mich mittlerweile überholt hatten.

Nach einer Stunde kam ein Pilger dazu, ein drahtiger, vielleicht 50jähriger Mann aus Koszalin an der polnischen Ostsee. Er hieß Waldek bzw. Waldemar in der deutschen Form und war über Berlin und Leipzig unterwegs nach Santiago de Compostela. Obwohl Waldek außer Polnisch nur drei Worte Deutsch sprach und ich nur drei Worte Polnisch, haben wir uns relativ gut unterhalten. Wir zeigten uns mit Stift und Zettel, wo wir herkamen und hinwollten und was wir an Verpflegung dabeihatten. Von ihm habe ich den Tipp, Erdnussmus einzukaufen; es gibt viel Energie und hält sich lange.

Am nächsten Morgen war ich 6:30 Uhr auf der Strecke. Das heutige Ziel hieß Merseburg, eine über 1.100 Jahre alte Stadt in Sachsen-Anhalt, Bischofsstadt und religiöses Zentrum im Mittelalter. Auf schönen Wegen – ein Lob meinem Garmin-Navi – erreichte ich nach lockeren 19 km gegen 11:30 Uhr den Merseburger Dom. Dort gab es den Schlüssel für die Neumarktkirche, in der sich das Pilgerquartier befand. Und diese Kirche war – leer! In den 1970er Jahren gab die Kirchgemeinde das Gebäude wegen des schlechten Bauzustands und immer weniger Gottesdienstbesuchern auf. Das Inventar wurde ausgelagert und die Kirche nicht mehr genutzt. Nach der Wende erfolgte eine Sanierung, seit 1993 ist die – immer noch leere Kirche – wieder geöffnet. „Leer" bedeutet, es gibt keine Stühle oder Bänke. Nur ein Altar mit Kerzen und eine Ausstellung zur Geschichte der Kirche an den Wänden ist vorhanden.

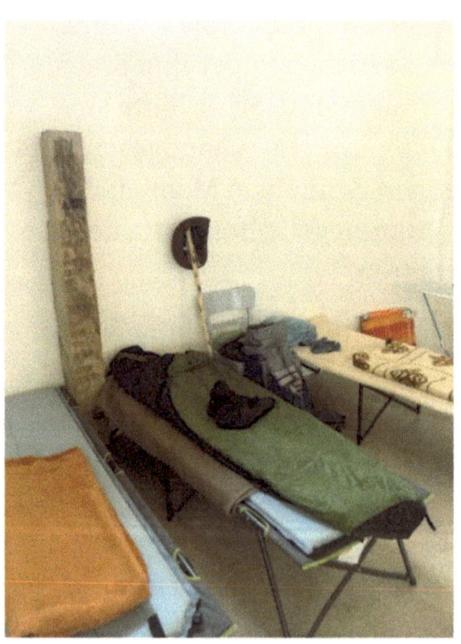

Auf der hinteren Empore, wo in anderen Kirchen die Orgel steht, sind vier Feldbetten, ein Regal mit Wasserkocher und etwas Geschirr sowie ein Tisch untergebracht. Dort schlafen die Pilger, heute nur ich.

Alleine in einer leeren Kirche, das ist schon was! Ich war gespannt auf die Nacht.

Abbildung 12: Neumarktkirche Mersebg., Schlafempore

Nachdem ich meinen Rucksack abgelegt hatte, ging ich ins Stadtzentrum auf der Suche nach einem Mittagessen. Ich fand ein indisches Restaurant, in dem ich ein gutes Lammragout mit Linsen und Reis aß, dazu ein Bier. Danach ging ich zurück in die Kirche und machte auf dem – ziemlich harten – Feldbett ein Mittagsschläfchen. Am Nachmittag kaufte ich ein paar Lebensmittel ein: eine Dose Fisch, Bohnen, Nudeln und Kräutertee. Nach einem kurzen Abendessen in der kühlen Kirche und einem kleinen Spaziergang an der Saale ging ich in die Kirche und schloss von innen zu. Am Altar zündete ich eine Kerze an, damit es in der Nacht, wenn ich aufwachen sollte, nicht stockdunkel war.

Abbildung 13: Allein in der Neumarktkirche

Das Feldbett war noch genauso hart wie am Nachmittag; ich lag auf dem Rücken und beobachtete, wie es nach und nach dunkler wurde. Irgendwann schlief ich ein, immer mal wieder geweckt von einer Belüftungsmechanik, die in unregelmäßigen Abständen knarzte. Ich hatte keine Angst, in so einem großen Raum allein zu sein, aber die Vorstufe von leichtem Gruseln war es schon.

Am nächsten Morgen gab ich nach einem kurzen Frühstück in der Kirche den Schlüssel bei der Domverwaltung ab und zog früh um 6 Uhr weiter in Richtung Naumburg. Es war kühl, nur 9°, und ich kam nicht so richtig in Tritt. Die Nacht auf der harten Pritsche in Merseburg steckte mir auch noch in den Knochen.

Dafür war der Weg schön, es ging durch Feld und Wald, und nach gut zehn Stunden kam ich in Naumburg an. Dort wohnt Martin, ein Bekannter aus Siegener Zeiten (ich habe dort von 1991 bis 1994 gearbeitet), bei ihm hatte ich mich zur Übernachtung angemeldet. Wir trafen uns am Dom. Martin führte mich darin herum und erklärte mir dies und das.

Martin hat eine interessante Tagesroutine: nachmittags trifft er sich mit seinen Kumpels in einer bestimmten Kneipe zum Feierabendumtrunk und Plausch, bevor er nach Hause zum Abendessen geht. Martin lebt allein, und die Gemeinschaft gibt ihm Halt, ist vielleicht auch ein Stück Familienersatz. Die Gefahr des regelmäßigen Alkoholkonsums und eines „Abgleitens" ist natürlich gegeben. Als Gast fand ich die Atmosphäre und Vertrautheit der Runde sehr nett.

Später bei ihm in der Wohnung überraschte er mich mit einem tollen Menü: einer Vorspeisenplatte mit Roten Beten, Käse, Zimt und getrockneten Tomaten. Danach gab es Spargel mit Kartoffeln und Zwiebeln, dazu Wein.

Nach dem Essen kam seine Freundin dazu und wir unterhielten uns gut.

Am nächsten Morgen hatte Martin Zeit und begleitete mich in Richtung Eckardsberga. Ich hatte ihm von meinem Garmin vorgeschwärmt und wollte ihm, der sich hier auskennt und übrigens ein ehemaliger Pfadfinder ist, zeigen, wie gut das Gerät die Wege im Gelände findet. Am Stadtrand von Naumburg fand ich allerdings nicht die richtige Abzweigung in einem Waldstück und wir liefen weglos durch eine hohe Wiese, nur der groben Richtung folgend (der Vorführeffekt lässt grüßen!). Martin folgte mir tapfer und ohne

Murren, und ich erkannte meine Grenzen des Navigierens im Gelände. Nun, nach einer halben Stunde waren wir wieder auf dem richtigen Pfad. Martin verabschiedete sich bald darauf, und ich zog alleine weiter.

Über das Laufen, Denken und Danken

Mir war beim Laufen selten langweilig. Was ging mir so durch den Kopf? Neben der Aufmerksamkeit für den richtigen Weg und die nächste Abzweigung musste ich mich nur darum kümmern, ob ich genug zu trinken und zu essen dabeihabe bzw. wann ich das auffülle und wo ich übernachte. Ansonsten war mein Kopf relativ schnell, schon seit der ersten Woche, frei von meinen üblichen Gedanken wie: ‚Wem muss ich morgen im Büro zuerst ein Mail schicken oder anrufen? Was darf ich bei dem und dem Projekt nicht vergessen? Wie bekomme ich dieses und jenes gelöst?‘ Auch die Gedanken an Freizeit- und Wochenendaktivitäten, eventuelle Terminüberschneidungen und die Planungen meiner Frau gerieten zunehmend in den Hintergrund.

Losgelaufen bin ich mit dem Ziel, „runterzukommen", die Arbeits- und Lebensroutine für drei Monate zu verlassen und ruhiger zu werden. Nebenbei bemerkt glaube ich, dass ich eine leichte Schilddrüsen-Überfunktion habe: Ich muss im Alltag ständig etwas „machen", sonst fühle ich mich ... faul, nicht richtig, nicht die Zeit genutzt. Vermutlich ist das auch eine Kindheitsbürde, bei uns zuhause wurde ständig gearbeitet.

Insofern hatte ich mir nichts vorgenommen, kein „Ergebnis", was herauskommen soll. Trotzdem ist das Gehirn ja aktiv. Was ich so dachte? Erst mal nichts Tiefgründiges.

Dankbar war ich. Dankbar für die Gelegenheit, drei Monate „raus" zu sein, diese Wanderung/Pilgerreise machen zu dürfen. Dankbarkeit war in meiner gesamten Auszeit das

Grundgefühl in mir. Auch wenn sie kein „Gefühl" im klassischen Sinn ist, so spürte ich doch eine stille Freude in mir.

Manchmal kamen Gedanken an meinen bevorstehenden runden Geburtstag: Wo, wie und mit wem ich feiern will, war schon klar, aber ich stellte mir vor, wie es dann werden würde, welche Begrüßungsrede ich halten wollte uns so weiter.

Und ich dachte auch öfter darüber nach, wie ich das auf der Tour Erlebte, zum Beispiel die Übernachtung in der leeren Merseburger Kirche, zuhause erzählen würde bzw. ich malte die Erzählsituation aus.

Mir ging auch durch den Sinn, wie mein Leben in den zurückliegenden 59 Jahren verlaufen ist:
- als Kind aus einfachen Verhältnissen zu studieren und nicht, wie meine Mutter es gerne gehabt hätte, eine Lehre bei der örtlichen Sparkasse zu machen,
- im Studium in der Hochschulgemeinde gute Freunde gefunden zu haben und viel an Selbsterfahrung mitzubekommen,
- meine Frau bei einem Taizé-Treffen kennengelernt zu haben,
- mit ihr nach Sachsen zu ziehen,
- ein Haus zu bauen,
- drei Kinder großzuziehen,
- mit meiner Arbeit die Familie ernähren zu können,
- trotz Tiefschlägen und Frustrationen bei meinem Beruf geblieben und jetzt ganz zufrieden damit zu sein
- im Großen und Ganzen gesund zu sein (mich von meinem Bandscheibenvorfall vor neun Jahren erholt zu haben) ...

Ich könnte die Aufzählung weiter fortsetzen. Wie das alles „gelaufen" ist und sich gefügt hat – im Nachhinein betrachtet „war alles gut, was Gott gemacht hat".

Auf der Etappe nach Eckardsberga, traf ich vormittags eine Pilgerfamilie: ein Ehepaar Mitte/Ende 30 und ein 15jähriger Junge, Susi, Sven und Fynn. Sie kamen aus Thüringen, wanderten gern (kein Wunder in diesem waldreichen und schönen Bundesland!) und nutzten die Tage über Christi Himmelfahrt, um auf dem Ökumenischen Pilgerweg zu laufen. Wir rasteten zusammen und plauderten, da kam eine andere Pilgerin mit Hund dazu: Diana aus Franken mit Rudi, eine ca. 40 cm hohe und 60 cm lange Promenadenmischung. Es stellte sich heraus, dass wir alle das Pilgerquartier im Pfarrhaus in Eckardsberga anpeilten. Diana ist diesen Pilgerweg (und auch den in Spanien nach Santiago) schon gelaufen und führte uns zum Ziel. Dort war eine weitere Pilgerin angekommen, Sabine aus Berlin. Sie hatte ihren Rucksack auf dem Gepäckträger eines Fahrrads transportierte und wirkte sehr scheu auf mich. Nun, verständlich, sie war schon im Pfarrhaus, da kam auf einmal ein Rudel von fünf Pilgern an.

Die Pfarrerin war sehr nett und stellte uns frei, im Gemeindehaus oder auf der Empore der Kirche jeweils auf Matratzen zu übernachten. Im Gemeindehaus konnte man sich aber erst gegen 20:30 Uhr breit machen, weil vorher der Kirchenchor darin übte.

Ich entschied mich, wie auch die junge Familie, für die Empore, gleich neben der Orgel.

Wir aßen alle zusammen in der Abendsonne vor dem Pfarrhaus, jede/r bot an, was sie/er an Käse, Obst und Schokolade hatte; Bier gab es zum Selbstkostenpreis aus einem Kasten im Pfarrhaus. Das Gespräch drehte sich zuerst um vergangene und künftige Quartiere, um den Weg und das, was jeder noch vorhat. Mein Zeitbudget von drei Monaten war in der Runde schon außergewöhnlich; ein Grund mehr für mich, dafür dankbar zu sein.

Im weiteren Verlauf erzählte auch jede/r etwas von sich. Sabine zum Beispiel war Dirigentin und Musikerin („Ich spiele alles, was Tasten hat"). Ihr Geld verdiente sie als Korrepetitorin: wenn ein Chor ein großes Musikstück übt, ein Oratorium z. B., spielt sie auf dem Klavier die Orchesterbegleitung dazu.

Als es nach Sonnenuntergang kühl wurde, zog ich mich als erster in meinen Schlafsack auf der Orgelempore zurück.

Am nächsten Morgen wachte ich gegen 5:30 Uhr auf und zog nach einer Katzenwäsche am Waschbecken und einem kurzen Frühstück kurz vor 7 Uhr alleine los.

Die Erzählrunde gestern Abend – wir saßen zu sechst an zwei runden Tischen – empfand ich sehr schön und gemütlich. Aber es war klar, dass am nächsten Tag jede/r alleine loszieht, in individuellem Tempo und Pausenrhythmus. Und zwei der Pilgerinnen würde ich abends im nächsten Quartier wieder treffen.

Früh war es noch kalt, ich hatte leichte, dumpfe und penetrante Kopfschmerzen. Bei der ersten Pause nahm ich eine IBU ein, danach wurde es besser. Am späten Vormittag holte mich Sabine auf ihrem Fahrrad ein: sie war in Görlitz auf dem Pilgerweg gestartet, hatte dann Probleme mit den Füßen bekommen und in einem Quartier ein altes Fahrrad günstig kaufen können. Damit bewegte sie sich nun fort und war ganz zufrieden. Die Alternative wäre ein Abbrechen ihrer Tour gewesen.

In einem Örtchen, Buttelstedt, fanden wir um die Mittagszeit eine gemütliche Pizzeria. Wir bestellten und sahen danach, dass schon Diana mit ihrem Rudi zu Füßen dort saß. Wir rückten zusammen und waren natürlich gleich im Gespräch.

Nach dem Essen und ohne Eis-Nachtisch, dafür war es mir noch zu kühl, zogen Sabine und ich los. Diana legte wegen ihres müden Hundes, der wohl lieber zuhause in einer Ecke gelegen hätte statt laufen zu müssen, einen Langsamgang ein.

Später radelte Sabine schon vor und checkte in unserem nächsten Quartier ein, der Dorfkirche von Stedten, eine Tagesreise westlich von Erfurt. Ein herrliches Kirchlein! In der Mitte des Kirchenschiffs standen zwischen den Bänken drei Tische, an denen hielten wir später unser „Abendmahl". Über dem Altar war ein Raum für Pilger eingerichtet: sechs Betten mit ordentlichen Matratzen, zusätzliche Decken und eine wunderbare Aussicht über die Äcker des Weimarer Landes.

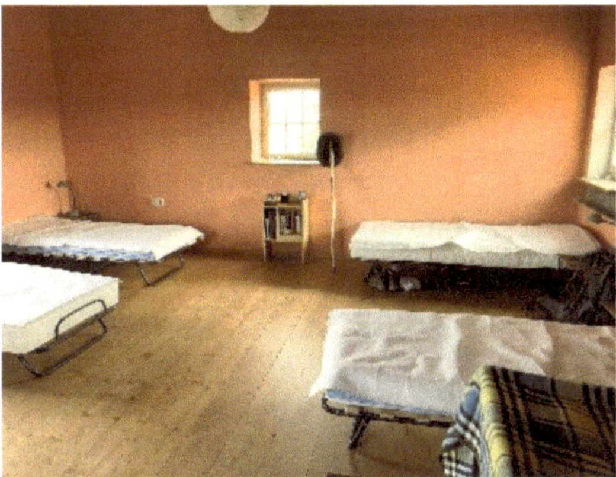

Abbildung 14: Pilgerkirche in Stedten

Vor dem Abendmahl im Kirchenraum sangen wir unter Sabines Anleitung bzw. Anstimmen den dreistimmigen Kanon „Herr, bleibe bei uns, denn es will Abend werden" und aßen dann gemeinsam. Mit Wein anzustoßen wäre jetzt schön. Denn es war klar, dass morgen jede/r von uns ihren/seinen Weg alleine weiterzieht. Während ich auf dem Handy nach Geschäften im Ort schaute, machte sich die pilgererfahrene Diana auf und folgte Stimmen aus der Nachbarschaft. Sie kam nach zehn Minuten mit einer Flasche Wein zurück: „Ich habe eine Kneipe gefunden, da trinken sie nur Bier. Ihre letzte Flasche Wein haben sie mir gegeben." Diese Erfahrung sollte ich später noch öfter machen: Die besten Informationsquellen und Kontakte sind die Menschen vor Ort!

Nach einer guten Nacht und einem Frühstück auf der Bank bei ungemütlich-kühlen Temperaturen vor der Kirche verabschiedeten wir uns: Diana ging mit Rudi nach Süden über den Ettersberg und die Gedenkstätte des ehemaligen KZ Buchenwald, Sabine zog mit dem Rad Richtung Erfurt und ich zu Fuß dorthin.

Der Weg führte mich an Feldrändern mit Hecken vorbei, durch kleine Dörfer, über eine Brücke einer neuen ICE-Trasse. Sie durchschnitt den schönen Feldweg, der noch auf der Karte meines Garmin durchgehend eingetragen war.

Ca. 7 km vor Erfurt verlief der Pilgerweg auf einem Radweg neben einer geraden Ausfallstraße oder einem Autobahnzubringer. Es zog sich... Ich wollte nicht mehr. Es war früher Nachmittag, ich hatte nichts Gescheites gegessen und war müde. Aber so locker, in einen Bus bis zum Stadtzentrum einzusteigen, war ich zu diesem Zeitpunkt noch nicht. Irgendwann kam ich dann in meiner Unterkunft an.

3.4 Erfurt

In der Thüringer Landeshauptstadt kam ich im Opera-Hostel in einem 7-Bett-Zimmer unter, im „Carl Orff". Alle Zimmer sind nach Komponisten benannt, die Lampen mit Teilen von Musikinstrumenten gestaltet – ein sehr angenehmes Ambiente.

Ich gehörte eher zu den älteren Gästen, überwiegend sah ich in- und ausländische junge Rucksackreisende (wie wir früher!) und Familien mit Kindern. Ich hatte zwei Übernachtungen gebucht, weil ich hier, am Tag 12 und 13, einen Ausruhtag einlegte.

Abbildung 15: Opera-Hostel in Erfurt, Frühstücksraum

Meine Mitpilgerin Sabine hatte mir unterwegs viel über Plastikmüll in der Umwelt erzählt und auch meine 1,5 l Plastikflasche kritisiert, weil sich an den Knitterfalten Material löse und ich das alles mittrinke („Jeder konsumiert täglich Plastik vom Umfang einer EC-Karte!"). Das hat mich doch nachdenklich gemacht, und so ging ich in einen Outdoor-Laden und kaufte mir zwei kleinere ordentliche

Trinkflaschen. Außerdem fettete ich dort meine Wanderschuhe ein. Bisher war das Wetter sonnig und trocken, aber Lederfett konnte nicht schaden.

An den Ausruhtagen, die ich in größeren Städten verbrachte, gönnte ich meinem Körper eine Pause, was sehr gut war. Außerdem nutzte ich die Zeit, um die weitere Strecke zu planen und mir die nächsten Unterkünfte zu organisieren. Mal klappte das beim ersten Anruf, mal dauerte es länger. Ich fand es sehr beruhigend, zu wissen, wo ich morgen und übermorgen übernachten kann.

Und etwas Kultur darf auch sein. Nachdem mein geplanter Kabarettabend in Leipzig krankheitsbedingt für mich ausgefallen war, schaute ich mich hier um und entdeckte den Hinweis zu einem Klezmer-Konzert in der Thomaskirche (web-Adresse: klezwecan.de ;). Ich bekam eine Karte an der Abendkasse und konnte mir in der Kirche einen schönen Sitzplatz aussuchen. Mir gefällt Klezmer- und jüdische Musik sehr gut, aber hier klang nach dem dritten Lied alles sehr ähnlich. Doch will ich nicht rummaulen, ich kann nicht gut singen und habe wenig Ahnung von Musik. Mit einem ca. 30-köpfigen Orchester ein Konzert zu bestreiten, ist auf jeden Fall eine große, probenintensive Sache, Respekt!

Zur Kultur: den Dom, das Augustinerkloster, die Synagoge und den EGA-Park (ehemals Bundesgartenschau-Gelände) habe ich mir auch angeschaut.

Abbildung 16: „Die Gärtnerin" im EGA-Park

Am Sonntagmorgen ging ich vor meinem Abmarsch aus Erfurt in den Gottesdienst im evangelischen Augustinerkloster und wurde danach zum Kirchenkaffee eingeladen. Eine Runde von rüstigen Rentnerinnen fand es sehr nett, so einen „jungen Wanderburschen" bei sich zu haben.

Gegen 11:15 Uhr verabschiedete ich mich, fuhr mit der Straßenbahn an den westlichen Stadtrand und lief von dort los.

3.5 Von Erfurt nach Fulda

Den Weg nach Gotha-Siebleben empfand ich anstrengend. Vielleicht hatte es mit dem Start am späten Vormittag zu tun, vielleicht musste ich nach dem Ruhetag erst wieder in Tritt kommen. Übrigens hat sich mein anfänglicher Muskelkater, eher Muskelkätzchen, gelegt. Auch an den Füßen hatte ich keine Blasen oder andere Beschwerden, Gott und den Wanderschuhen sei Dank!

Das Pilgerquartier erreichte ich kurz vor 18 Uhr. Es war eine Unterkunft bei einem älteren Ehepaar, das heißt, ich hatte das Erdgeschoss mit Schlafzimmer, Küche und Bad für mich. Darin hatte vorher die alte Schwiegermutter gelebt. Es gab zum Anschauen einen schönen Garten mit Bienenstöcken und für den Durst ein Bier. Ansonsten hatte ich meine Ruhe, was mir zum Tagebuchschreiben und Programmieren meines GARMIN sehr recht war.

Über das Alleinsein und in Gesellschaft sein

Ich habe manchmal zu hören bekommen, ich sei ein Kauz, der in Wirklichkeit alleine leben will.

Ich gebe zu, dass die eremitische oder mönchische Lebensweise eine gewisse Faszination auf mich ausübt. Gleichzeitig hatte ich die erfüllendsten und glücklichsten Momente in meinem bisherigen Leben mit anderen Menschen, in Gemeinschaft, in Zweisamkeit. Nicht nur in der Ehe, in der Sexualität, da natürlich auch, mehr Nähe geht ja körperlich nicht, sondern auch in Gesprächen mit Freunden, Bekannten, wenn ich spürte: ich werde verstanden, oder: ja, das, was du da schilderst, das kenne ich, das kann ich nachempfinden. Nach solchen Gesprächen fühle ich mich sehr … satt, ausgeglichen, glücklich.

Gleichzeitig merke ich, dass ich auch Phasen des Für-mich-Seins brauche: morgens früh ein Stück in der Bibel lesen, den Tag ruhig angehen lassen, alleine einen Spaziergang, einen Ausflug machen … Der Ausspruch des französischen Philosophen und Mathematikers Blaise Pascal kommt mir da in den Sinn: *Das ganze Unglück der Menschen rührt allein daher, dass sie nicht ruhig in einem Zimmer bleiben können.*

Ja, es mit sich selbst aushalten, ohne sich zu zerstreuen und abzulenken. Hören, was in uns ist und raus will. Die leisen Ahnungen in uns erspüren. Ich glaube, das geht nur, wenn ich Zeiten des Alleinseins habe und suche.

Auf meiner Wanderung war ich ja viel alleine. Es tat mir gut. Und die anschließenden Begegnungen mit Menschen taten mir auch gut.

Die Kunst glücklich zu sein liegt, glaube ich, darin, das richtige Maß und die Zeiten zu finden, allein und in Gemeinschaft zu sein.

Am nächsten Abend hätte ich gerne in Eisenach übernachtet, das waren rd. 40 km. Aber ich wollte mich nicht bei einem Gewaltmarsch übernehmen und meinen Körper verschleißen, ich hatte ja noch eine lange Strecke vor mir. So beschloss ich, nach etwa 25 km im Wald zwischen dem

Großen und dem Kleinen Hörselberg zu übernachten. Wozu schleppte ich denn mein Zelt mit?

Als ich oben auf dem Großen Hörselberg ankam, hatte ich einen herrlichen Ausblick bei bestem Wetter. Jetzt noch ein kühles, hopfenhaltiges Getränk! In der Nähe stand eine Hütte mit entsprechenden Fahnen und Außenbestuhlung. Allerdings hatte sie heute, am Montag, geschlossen, sehr schade!

Nun, auch im Leben müssen wir mit kleinen und großen Frustrationen umgehen, so auch beim Pilgern und Wandern.

Es war nun später Nachmittag und Zeit, mich um einen Zeltplatz zu kümmern. Mir begegnete ein Jeep, der auf der Pritsche Holz geladen hatte. Drinnen saßen Oma, Opa und Enkel. Ich winkte und fragte, ob sie in der Nähe ein Plätzchen zum Zelt aufstellen wüssten. Der Mann schickte mich ca. 500 m in die Richtung, in die ich auch laufen wollte und meinte, da sei eine kleine Hütte, die auch geöffnet sei für so Leute wie mich. Ich stellte mir eine Schutzhütte vor, fand statdessen aber einen Hochsitz mit einer Grundfläche von ca. 1,50 x 1,50 m und einer Bank darin. Selbst diagonal war das zu eng für mich.

In der Nähe gab es eine ebene Fläche mit einer Wegeinmündung, dort baute ich mein Zelt auf. Als ich mir mit Waschlappen und Wasser aus der Trinkflasche meinen verschwitzten Oberkörper wusch, verscheuchte ich erst eine Mücke, dann 10, dann 50 ... Willkommen im Wald!

Beim Essen meiner Tütensuppe mit Brot und Käse wollten die Mücken auch was haben; gemütlich war das Abendbrot jedenfalls nicht, zumal ich beim Sitzen auf einem Holzstapel dachte: ‚Hoffentlich kommt keine Zecke angekrabbelt...‘ Trotzdem war die Gegend sehr schön, ich sah nur einen

Radfahrer und danach war ich im Wald alleine. Eine tolle
Ruhe und ein Zirpen und Trällern und Zwitschern!

Ich lag früh am Abend in meinem Zelt im Schlafsack und
beobachtete, wie es allmählich dunkler wurde. Etwas raschelte draußen, eine Amsel oder eine Maus. Schön, so mitten in der Natur einzuschlafen.

Abbildung 17: Im Weltladen Eisenach

Am nächsten Morgen erwachte ich gegen halb sechs und
krabbelte aus meinem Zelt. Ich wusch mir kurz die Augen
aus, um nicht, wie am Abend vorher, meinen Oberkörper
den bluthungrigen Mücken anzubieten, da stand auf einmal
20 m vor mir im Unterholz ein Mann mit Gewehr. Ich war
ganz verdattert, hatte die Brille noch nicht auf und brachte
kein Wort heraus. Der auch nicht. Nach ein paar Sekunden
zog er ab; ein Jäger, der sich wohl fragte, was ein Typ mit
Zelt in seinem Revier zu suchen hat.

Ich frühstückte kurz, das heißt, ich schob mir im Stehen einen Müsliriegel rein, um den Mücken nicht so lange „Sauggelegenheit" an mir zu geben, packte mein Zeug zusammen
und zog los.

Ich befand mich noch auf den Höhen der Hörselberge. Irgendwann führte der Weg, ein mit heraufragenden Wurzelknubbeln gespickter Waldpfad, in engen Serpentinen
hinab in das Tal der Hörsel. Zwischen Bach und Bahnlinie

lief ich nach Eisenach hinein. Dort war mein Ziel der Weltladen auf dem Marktplatz.

Durch mein Engagement im Meißner Weltladen kannte ich die Leute des Eisenacher Teams: sie waren im letzten Oktober ein Wochenende in Meißen gewesen, meine Frau hatte ein kleines Besuchsprogramm für sie zusammengestellt, und wir waren bei einigen Punkten dabei.

Vorher steuerte ich aber einen Bäcker an, trank in Ruhe Kaffee, frühstückte ordentlich und lud mein Handy. Dann besuchte ich das Denkmal eines der größten Komponisten aller Zeiten– soweit ich das beurteilen kann –, Johann Sebastian Bach, und ging anschließend in die Georgenkirche, die Hauptkirche auf dem Markt. Ich schaute sie mir an und holte mir einen Pilgerstempel, den mir eine freundliche Frau gab. Das finde ich bewundernswert: In einigen Kirchen an meinem Weg betreuten meist ältere Leute der Kirchgemeinde für einige Stunden die Kirche, „passten auf" und waren für Besucher ansprechbar. Zeit, das kostbare Gut, im Tausch für Kommunikation, Kontakt, manchmal vielleicht ein gutes Gespräch. Ein HOCH auf das Ehrenamt!

Im Weltladen hatten tatsächlich gerade zwei der Damen Dienst (ebenso ehrenamtlich!), die uns das letzte Jahr in Meißen besucht hatten. Den Kaffee spendierten sie mir, und mein Rucksack und Wanderstab waren, wie öfter schon, Anlass für ein Gespräch über meine Wanderpläne.

Ich deckte mich mit fair gehandelten Müsliriegeln ein und lief weiter. Bis zum nächsten Quartier in Oberellen, ein Ortsteil von Gerstungen, waren es noch rd. 12 km und gut 200 Höhenmeter. Mein Garmin führte mich durch sehr schöne Wiesen- und Waldwege. Da hatte der Werbespruch: „Thüringen – die grüne Mitte Deutschlands" seine Berechtigung.

Abbildung 18: Grünes Thüringen

Nachdem ich bisher überwiegend in kirchlichen Herbergen, privat oder in einem Hostel übernachtet hatte, war die Unterkunft in Oberellen nun eine Pension bzw. eine Handwerkerunterkunft: ein Schlafzimmer mit drei Doppelstockbetten, ein Wohnzimmer, eine kleine Küche mit dahinter liegendem Bad. Die Inhaberin hatte mir am Telefon gesagt, dass sich noch eine Pilgerin für diese Nacht angemeldet hätte. Ich war neugierig.

Bei dieser Gelegenheit eine kleine Randbemerkung: Ich übernachtete einige Male mit verschiedenen Frauen in einem Raum. Wer allerdings meint, beim Pilgern oder Fernwandern das eine oder andere erotische Abenteuer erleben zu können, sollte lieber die entsprechenden Lokalitäten für solche Bedürfnisse aufsuchen. Wer sich auf eine Pilgerreise begibt, die/der hat nach meiner Erfahrung ihren/seinen eigenen Gedanken- und Gefühlsrucksack dabei und will keine sexuellen, sondern Wegerfahrungen machen.

Als ich die kleine Wohnung betrat, sah ich an der Garderobe einen großen blau-weiß-gestreiften Sonnenhut hängen. Der kam mir bekannt vor! Und richtig, als ich nach Anklopfen durch die Wohnzimmertür trat, saß da – Sabine. Es war ein schönes Wiedersehen.

Vor dem Abendessen wollten wir bei der Vermieterin noch schnell ein Bier und/oder einen Wein holen. Sie betrieb nämlich nebenan einen kleinen Getränkehandel, der sich dann als Dorftreffpunkt und Kommunikationsdrehscheibe herausstellte. So schnell, wie wir dachten, ging das aber nicht, außerdem hatten wir Zeit (bloß Hunger!): An einem Tisch saßen vier Männer aus dem Dorf, die uns mit der rhetorischen Frage „Seid ihr die Pilger?" begrüßten und natürlich wissen wollten, wo wir herkamen und was für welche wir sind. Wir tranken mit ihnen ein Bier, gaben Auskunft, erfuhren so einiges über das Dorf und hörten ein paar Geschichten. Unter anderem war vor ein paar Wochen der Ehemann unserer Vermieterin mit Ende 50 in der Badewanne gestorben. Vor einigen Jahren hatte sie schon ihren Sohn bei einem Unfall verloren. Ihr Schwiegervater, der also seinen Sohn und seinen Enkel beerdigen musste, saß dabei ... Harte Schicksale.

Sabine und ich holten uns noch jeweils ein Bier und gingen dann in die Wohnung, um zu essen. Wir teilten meine 250-Gramm-Packung Tortellini mit Käsefüllung und eine in Streifen geschnittene Paprika. Dabei und danach redeten wir über Musik, das heißt, ich stellte vermutlich ein paar dümmliche Fragen und sie erklärte mir ganz viel über das Dirigieren, Chormusik, Bach, Schubert... Ich habe diesen Abend als sehr interessant und bereichernd in Erinnerung.

Am nächsten Morgen frühstückten wir gemeinsam, verabschiedeten uns und wünschten uns einen guten Weg (auf Spanisch und unter Pilgern heißt es: buen camino).

Mein Weg führte mich nach Dorndorf, an der ehemals innerdeutschen, jetzt thüringisch – hessischen Grenze gelegen. Dort war ich bei Martina, einer noch relativ jungen Tante meiner Frau, angemeldet.

Nach gut acht Stunden kam ich nach schönen Aussichten

auf die Hügel der Rhön und nach einigen Umwegen – die vom Navi im Wald angezeigten Wege waren nicht mehr vorhanden – in Dorndorf an.

Abbildung 19: Die Rhön bei Dorndorf

Ich querte die Werra über eine einsame Wirtschaftsbrücke, lief durch den Ort und ließ mich bei Martina nieder. Sie freute sich sehr über Besuch aus Meißen und versorge mich mit einem warmen Abendessen: Boris-Rolle, ein mit Frischkäse und Gemüse oder Fischcreme gefüllter und gerollter Pfannkuchenteig, eine Kreation ihres Schwiegersohns Boris.

Bald wussten alle Nachbarn Martinas, dass sie Besuch von einem Wanderer hat – ein sehr kommunikatives bzw. neugieriges Wohngebiet!

Am nächsten Morgen wachte ich früh auf, wir tranken zusammen Kaffee, Martina gab mir noch etwas Reiseproviant mit und dann lief ich in herrlich kühler Morgenfrische einem neuen Tag mit strahlend blauem Himmel entgegen. An der gegenüberliegenden Hügelkette sah ich eine helle Linie: der ehemalige Grenzkontrollstreifen. Ich befand mich zu meiner Überraschung in der Nähe von „Point Alpha“: eine der schmalsten Stellen der alten Bundesrepublik. Die NATO hatte damit gerechnet, dass, „wenn die Russen kommen“, sie dort die Grenze überschreiten und zum Rhein vorstoßen würden. Schon verrückt aus heutiger

Sicht, wie sich beide Systeme vom jeweils anderen bedroht fühlten!

Halt – Falsche Zeitform! Die westliche Euphorie Anfang der 1990er Jahre vom „Ende der Geschichte" und der „Friedensdividende": Sie ist spätestens seit Russlands Angriff auf die Ukraine dahin…

In Geisa, meinem letzten Ort in Thüringen, wurde meine Stimmung, die nach langem Laufen ohne gescheite Einkehrmöglichkeit etwas gedrückt war, durch ein von Italienern betriebenes Eiscafé wieder gehoben. Dort konnte ich telefonisch ein Quartier für den Abend im Bonifatiuskloster in Hünfeld organisieren.

Den Grenzweg säumt eine moderne Kreuzweg-Installation, die an die erschossenen und beim Grenzübertritt verhafteten Menschen erinnert. Außerdem gibt es ein Museum und den eigentlichen Point Alpha zu besichtigen. Beides hob ich mir für eine spätere Zeit auf, um es gemeinsam mit meiner Frau anzusehen; wir sind schließlich ein Ost-West-Ehepaar. Ohne die Ereignisse im Herbst 1989, initiiert durch viele einzelne mutige, zusammen mit Kerzen in der Hand laufende Menschen, wäre unser beider Leben anders verlaufen…

Ich befand mich nun im Landkreis Fulda. Schlagartig wurde die Gegend anders: Wegekreuze, Heiligenfiguren, die Kirchen waren katholisch, die Menschen, die mir begegneten, grüßten mich fast ohne Ausnahme. Dieser Wechsel von Thüringen, wo ich auch sehr viele freundliche Menschen traf, nach Nordhessen ins Fuldaer Land war krass! Die Menschen, die Grundstücke, die Orte strahlten hier in einer Weise, wie ich es nicht beschreiben kann, aus, dass sie schon seit 1945 zum „Westen" zählen und nicht erst seit 1991.

Der erste Ort im ehemaligen „Westen" hieß Rasdorf. Ich war heute rd. 35 km gelaufen, seit 10 Stunden auf den Beinen und entsprechend müde. Es gibt ja Busse. So fuhr ich die letzten 12 km entspannt zum Bonifatiuskloster in Hünfeld und kam dort gegen 18 Uhr an.

Ich genoss die katholische Gastlichkeit: ein gepflegtes Haus, saubere ordentliche Zimmer, Plätze zum Sitzen, Lesen, und zur Ruhe kommen, gutes Abendessen und Frühstücksbuffet.

Danach ging es weiter nach Fulda, wo ich nach sechs Lauftagen wieder einen Ruhetag geplant hatte. Auch heute fiel mir die Freundlichkeit der Menschen auf: die allermeisten grüßten mich unterwegs. Eine Weile lief ich neben einer Bahnstrecke, auf der die Züge im gefühlten Fünfminutentakt hin- und herzischten. Ein bahnkundiger Freund, dem ich ein entsprechendes Foto geschickt hatte, klärte mich auf: das ist die Bahn-Rennstrecke Berlin – Frankfurt.

Mein Quartier war das Franziskanerkloster auf dem Frauenberg, das ich nachmittags gegen 14:15 Uhr erreichte. So hatte ich noch Zeit zum Ausruhen und für eine erste Erkundung der Stadt.

3.6 Fulda

Im Kloster, das herrlich auf dem Frauenberg südlich des Stadtzentrums liegt, bezog ich das sogenannte Pilgerzimmer, ein einfaches Gästezimmer mit Toilette und Bad auf dem Gang.

Ich wusch ein paar Klamotten im Waschbecken, erkundete den Klostergarten und den Frühstücksraum für den nächsten Tag und machte mich daran, den weiteren Weg mit Quartieren bis Bingen zu planen. Dann suchte ich die Zeiten der Abend- und Morgengebete heraus; wenn ich schon

in einem Kloster übernachtete, wollte ich auch daran teil-
nehmen. Die gregorianischen Melodien und die Psalmen
gefallen mir sehr.

Abbildung 20: Fransikanerkloster Fulda
Oben: die Gastzelle, unten: Blick vom Kloster auf den Dom

Den nächsten Tag, ein Samstag, begann ich mit dem Mor-
gengebet; die vier Mönche luden mich von meinem Platz
im Kirchenschiff zu sich nach vorn in den Altarraum ein,
eine schöne Geste. Nach dem Frühstück ging ich in die
Stadt, um Zelt, Kocher, Gaskartusche und Topf nach Hause
zu schicken. Nach drei Wochen unterwegs hatte ich gemerkt, dass es jeden Abend Quartiere gab und dass eine
Nacht auf einer Matratze viel angenehmer ist als auf einer

Isomatte im Zelt! Außerdem bedeuteten das 2,6 kg weniger auf dem Rücken – bei jedem Schritt!

Apropos Schritt: Seit heute Morgen spürte ich oberhalb des linken Knöchels einen stechenden Schmerz in der unteren Wade, der mit jedem Schritt zunahm. Ich schaute mir halbherzig und sorgenvoll den Dom an, humpelte zurück auf den Frauenberg und legte mich aufs Bett. Die Schmerzen waren mittlerweile so stark, dass ich beim Laufen Tränen in den Augen hatte. Wenn das nicht schnell besser würde und nicht so wegging wie es gekommen war, wäre meine Wanderung hier zu Ende...

Ich beschloss, noch einen zweiten Ruhetag einzulegen. Glücklicherweise war das Zimmer noch frei und ich konnte bleiben. Mir fiel ein, dass Constanze, die Pilgerin, die ich in Wurzen getroffen hatte, Physiotherapeutin ist. Ich schrieb ihr eine Nachricht und bat sie um einen Tipp, am besten ein Filmchen, in dem sie mir erklären sollte, wie ich kneten könne, damit der Schmerz sofort weggeht! Die Antwort war wie eine Offenbarung für mich.

Erster Engel am Weg

Constanze beruhigte mich erst einmal und meinte, die Wade sei ein starker Muskel. Ich solle um den Schmerz herum massieren, die Waden morgens und abends dehnen, und im Übrigen sei ein Tag mehr Ruhe ganz gut.

Dann schickte sie noch eine Sprachnachricht und meinte sinngemäß: „Jeder Pilgerweg hat eine Botschaft, und auch der Körper schickt uns Botschaften. Ich habe dich als sehr zielstrebig und hinsichtlich deiner Wanderung als willensstark empfunden. Vielleicht ist es für dich mal dran, die Etappen etwas lockerer anzugehen und etwas mehr zu bummeln als auf die Tageskilometer zu schauen. Wenn ich pilgere, setze ich mich oft in Parks oder Bänke am Wegesrand und bummele etwas. Beim nächsten Mal ist es für mich dran, etwas zielstrebiger und tougher zu laufen und mal ´Kilometer zu machen`. Und bei dir ist wohl das andere dran."

Das traf mich voll. Ich habe mich SO erkannt gefühlt und gedacht: Genau das ist es! Es kommt nicht darauf an, jeden Tag eine immer längere Strecke zu laufen und mich daran zu erfreuen, an einem Tag 40 km gelaufen zu sein. Ich plante ab jetzt meine Tagesetappen nicht länger als 25 km. Durch Um- und Irrwege werden sie sowieso etwas länger.

Diese Botschaft fand ich, auch im Zusammenhang mit meiner schmerzenden Wade, als so passend und klar für mich. Die konnte nur von einem Engel bzw. einer Engelin gekommen sein! Es war die erste von mehreren Engelsbotschaften auf meinem Weg.

Wer übrigens einmal die Stimme eines Engels hören will: Ich habe sie auf meinem Messenger-Dienst. Engel gehen auch mit der Zeit!

Der zusätzliche Ruhetag war die richtige Entscheidung. Ich ließ es mir im Klostergarten gut gehen, las etwas in den ausliegenden Büchern und hoffte auf Besserung.

Abbildung 21: Ruhetage im Franziskanerkloster Fulda

Übrigens hatte ich kein Buch im Gepäck, obwohl ich eine
große Leseratte bin. Zum einen aus Gewichtsgründen, aber
auch, um offen zu sein für das, was ich in den Quartieren
vorfand. Und wenn nichts zu lesen da war, konnte ich in
mein Tagebuch schreiben oder einfach dasitzen und
„nichts" denken (das ist mir in der ganzen Zeit nicht gelun-
gen, da fehlt mir, glaube ich, die asiatische Gelassenheit
bzw. meine Auszeit war zu kurz!).

3.7 Von Fulda nach Bingen

Das Loslaufen in Fulda war noch mit Schmerzen in der linken Wade verbunden; ich lief langsam und stützte mich auf
meinen Wanderstock. Der war mir übrigens auf der ganzen
Tour eine große Hilfe, nicht nur jetzt. Er gab mir Sicherheit
beim Queren von Gräben, beim Wegschieben von Brenn-
nesseln und Dornen, und wenn ich nachmittags müde
wurde, war er wie ein drittes Bein. Außerdem sieht er gut
und pilgermäßig aus, besser als die Walking-Stöcke, die ich
zuerst mitnehmen wollte. Ich bin meinem Kollegen Birk,
der sie mir geschenkt hatte, dafür sehr dankbar.

Unterwegs hielt ich nach Beinwell Ausschau, um mir die
heilenden Blätter auf die Wade zu legen. Ich hatte das
Kraut in den vergangenen Tagen schon gesehen, aber jetzt
gerade nicht. In der nächsten Apotheke kaufte ich mir eine
entsprechende Salbe. Die Schmerzen ließen allmählich
nach. Einen Anteil daran hatte, davon bin ich überzeugt,
die psychisch entspannende Engelsbotschaft.

Übernachten wollte ich in Rückers bei Flieden im Gasthaus
zum Grünen Baum. Der Wirt klang am Telefon ganz sympathisch; für einen kleinen Aufpreis gab es ein Frühstück; der
Wirt war Metzger (in Sachsen: Fleischer). Was die Ernäh-
rung betrifft, bezeichne ich mich als ökologisch angehauch-

ter Flexitarier. Ein bisschen Fleisch und Wurst zum Muskelaufbau kann nicht schaden, dachte ich mir.

Zum Namen des genannten Berufs habe ich folgendes Interessante gefunden:

> *Die Bezeichnung Fleischer wurde 1966 zum alleinigen Namen des Handwerks in Deutschland, jedoch hat er die weiträumig fest etablierten Bezeichnungen Metzger, Schlachter und Fleischhacker nicht verdrängen können. Vor allem im Südwesten und Süden Deutschlands sowie in der Schweiz ist Metzger die vorherrschende Bezeichnung geblieben. In Ostdeutschland wird der Beruf als Fleischer, in einigen Gegenden auch als Metzger bezeichnet. Im Norden des deutschen Sprachgebietes wird der Fleischer als Schlachter (gelegentlich auch Schlächter) bezeichnet. In Österreich stellen Fleischhauer und Fleischhacker die gebräuchlichsten Varianten. Die historischen Varianten Knochenhauer oder süddeutsch Metzler sind dagegen beinahe ausgestorben.*[1]

Überhaupt merkte ich zunehmend den hessischen Einschlag der Sprache – und wie mir das bekannt vorkam und mich anheimelte. Ich stamme aus dem Vorderhunsrück, genauer gesagt von einem kleinen Gehöft im Kreis Bad Kreuznach und bin in Bingen am Rhein auf das Gymnasium gegangen. Obwohl ich nun fast 30 Jahre zufrieden in Meißen in Sachsen, dem Geburtsort meiner Frau, lebe, wird mir beim Hören meines Heimatdialekts immer warm ums Herz.

In Rückers angekommen fand ich nach einem Moment der Desorientierung (‚Wo ist jetzt Norden?') den Grünen Baum. Es ist eine schöne Dorfgaststätte mit urigem Wirt („Ach, du hast einen Schlafsack dabei und brauchst kein Bettzeug: dann gib mir 10 Euro weniger für die Übernachtung!") und

---

[1] Quelle: Wikipedia, Zugriff am 10.09.2023

guter Speisekarte. Ich aß Forelle aus dem Teich des Wirts, dazu drei Bier und einen Kräuterschnaps. Dabei unterhielt ich mich mit zwei Männern an meinem Tisch, die jedes Jahr eine mehrtägige Wanderung zusammen unternehmen. Später schlief ich gut gesättigt ein.

Am nächsten Morgen saß ich mit kleinen, müden Augen am Frühstückstisch und sah auf zwei Wurst- und einen Käseteller, dazu noch Marmeladen und ein Ei. Ich war noch satt vom Abendessen; zwei Tassen Kaffee reichten mir. Ich aß ein Brötchen und nahm mir noch eins für unterwegs mit, nicht ohne den Wirt zu fragen, ob ich das darf.

Zwischendurch huschten durchs Fenster der Schatten eines roten Wanderrucksacks und die Silhouette einer jungen Frau. Ich erinnerte mich daran, dass der Wirt am Abend gesagt hatte, es hätte sich noch eine Pilgerin angemeldet, die auch wie ich in Richtung Frankfurt unterwegs sei. Das fand ich natürlich interessant, hatte von ihr aber, wohl ins Gespräch mit meinen Tischnachbarn vertieft, nichts mitbekommen. Nun, vielleicht würden wir uns noch treffen.

Als ich gegen Mittag in Steinau ankam, sah ich auf dem Weg zur Kirche gerade den Zipfel eines roten Rucksacks weggehen… Etwas enttäuscht machte ich Mittagspause. Ich genieße zwar die Zeit mit mir alleine und das selbstbestimmte Laufen und Pausen machen. Aber einen Austausch mit Menschen, die genauso wie ich unterwegs sind, finde ich auch sehr bereichernd.

Wandern oder Pilgern?

Mache ich nun eine große Wanderung oder pilgere ich? Die Frage mag spitzfindig erscheinen, mich hat sie dennoch beschäftigt.

Als ich loslief, war ich der Meinung: ich habe drei Monate Zeit und laufe nach Westen. Ich bin kein Pilger, denn der hat als Ziel in der Regel eine berühmte Kathedrale wie Santiago de Compostela, Chartres, Rom, Jerusalem etc. Außerdem hat er oft ein konkretes Anliegen, wie Bitte um Klarheit in schwierigen Lebenssituationen oder Suche nach Orientierung bei Lebensumbrüchen. Ich wollte hauptsächlich unterwegssein, den Kopf freibekommen nach 32 Berufsjahren, Burn-out-Prophylaxe.

Wegen des Quartierangebots und der Ausschilderung (da wusste ich noch nicht, wie gut mein GARMIN-Navi ist!) lief ich anfangs auf dem ökumenischen Pilgerweg, der von Görlitz nach Eisenach und Vacha führt. Und allmählich, auch in Gesprächen mit Pilgerinnen, merkte ich, dass es ein Unterschied ist, ob man eine lange Strecke wandert oder ob man auf einem Pilgerweg unterwegs ist, auf dem vor Hunderten von Jahren auch schon Menschen mit einem Anliegen gingen. Zunehmend konnte ich die Frage: „Bist du ein Pilger?" bejahen. Mag sein, dass da auch die praktische Überlegung hineinspielte, dass gerade an kirchlichen Übernachtungsorten ein „Pilger" eher einen Platz bekommen könnte als ein „Dahergelaufener". Aber das war nur in meinem Kopf so. Jemand mit Rucksack und Wanderstab, so meine Erfahrung, der höflich nach einem Quartier fragt, wird, wenn es irgendwie möglich ist, aufgenommen.

Da ich ja einen christlichen Hintergrund habe und mir die meisten Kirchen am Weg, so sie offen waren, von innen anschaute, fühlte es sich für mich zunehmend gut an, mich „Pilger" zu nennen. Und Burn-out-Prophylaxe ist schließlich auch ein berechtigtes Anliegen.

Meine heutige Übernachtung hatte ich im Bildungs- und Exerzitienhaus Kloster Salmünster organisiert. Etwa zwei Stunden davor, ich war gerade auf einem monotonen Radweg unterwegs und trällerte ein Liedchen, holte mich jemand ein. Ich dachte noch: ‚Hoffentlich hat der nicht gehört, was ich gesungen bzw. in meinem schrägen Bass gebrummelt habe‘, da erkannte ich den roten Rucksack von heute Früh und heute Mittag. Die Trägerin hieß Beatrice, war ca. 30 Jahre alt und in Fulda mit dem Ziel Trier gestartet. Auch sie war für heute Abend im Kloster Salmünster angemeldet. Nach einem etwas stockendem und schüchternen Beginn kamen wir gut ins Gespräch.

Beatrice hatte einen flotten Schritt drauf und war heute Morgen auch vor mir gestartet. Dennoch lief ich am Nachmittag vor ihr. Des Rätsels Lösung: Sie hatte die Route des Pilgerwegs von Fulda über Frankfurt nach Trier auf ihr Handy geladen und folgte ihr, unterstützt von den Wegzeichen. Ich hatte heute Morgen das Tagesziel Salmünster in mein GARMIN eingegeben, und das führte mich auf einer kürzeren Route.

Nach langen 31 km kamen wir müde an. Ein stattliches katholisches Bildungshaus: schöne Einzelzimmer mit eigenem Bad, ein großer Speisesaal mit guter Verpflegung. Erholung für Leib und Seele. Eher Hotel- als Pilgerstandard. Das darf aber auch mal sein.

Ich schaute mir den Weg nach Frankfurt an. Dort wohnt Katha, eine Cousine meiner Frau, bei der ich mich zum Übernachten schon vorangemeldet hatte. Eigentlich wollte ich zwei 30 km-Etappen bis dorthin laufen. Aber nach dem Hinweis von Constanze, mich unterwegs mehr treiben zu lassen und nach dem Signal meiner linken Wade habe ich den Weg auf drei Etappen zu je 20 km aufgeteilt. Das fühlte sich auch gut an.

Das nächste Zwischenziel war Gelnhausen. Der Weg dorthin führte an der Kinzig entlang, ein schöner mit Erlen und Weiden bestandener munterer Bach, der sich in südwestlicher Richtung durch Felder und Wiesen zum Main schlängelt.

Die Übernachtungsrecherchen bei der evangelischen und katholischen Kirchgemeinde ergaben zuerst nichts Konkretes, nur der Verweis auf das städtische Obdachlosenheim mit vier Betten, da sei auch Platz für Pilger. Da dachte ich gleich an Läuse und Flöhe und Beklaut werden und suchte weiter. Aber auch bei der Touristeninformation wurde ich wieder auf das „Stadthaus" verwiesen, ein gemeinsames Projekt von Stadt und Kirchen für Obdachlose.

Ich schaute mir das an und fand ein nettes Café vor, das für Bedürftige mittags eine Suppe und Kaffee ausgab und beim Ausfüllen von Anträgen half. An einem Tisch saß Suppe löffelnd Beatrice, von der ich mich heute Morgen verabschiedet hatte. Zwei nette Mitarbeiter erklärten uns, dass es in der Nähe ein Haus zum Übernachten gebe. Im Moment wohne darin Sebastian, er warte auf eine Wohnung in der Stadt. Wir bekamen frische Bettwäsche und wurden zu einem unscheinbaren Eingang in einer kleinen Gasse geführt.

Die Unterkunft war trotz meiner Vorurteile ok. Eine Küche mit Esstisch, Waschmaschine, im Obergeschoss zwei Zimmer mit je zwei Betten. Beatrice nahm das leere Zimmer, das nicht abschließbar war. Dass ihr das unangenehm war, sagte sie mir erst am nächsten Morgen. Ich gesellte mich zu Sebastian. Ich fand ihn ok, ich hatte keine Angst um meine Sachen, und wir kamen gleich ins Gespräch. Das wurde mir aber zu esoterisch, so zog ich mich Tagebuch schreibend zurück.

Gelnhausen liegt schon im Speckgürtel von Frankfurt und ist vermutlich eine reiche Stadt. Dass Pilger hier im Obdachlosenheim untergebracht werden, fand ich, nun ... nicht sehr gastfreundlich.

Ich war jetzt etwas über drei Wochen unterwegs und hatte so eine Art Rhythmus gefunden. Belastende Gedanken an Zuhause oder an meine Arbeit kamen nicht in mir hoch. Und noch über neun Wochen Auszeit lagen vor mir! Dennoch spürte ich so eine innere Unruhe in mir, ständig unterwegs sein zu wollen, zu überlegen, wo übernachte ich übermorgen, wie laufe ich weiter, wenn ich da und da bin. Da will ich noch mehr loslassen und entspannter werden. Vorbild dafür ist Toni, eine Austauschschülerin aus Südafrika, die vor ca. zehn Jahren für vier Wochen bei uns lebte. Einmal kam ich in die Küche, um die nächste Mahlzeit vorzubereiten, da saß sie am Esstisch und saß nur da und schaute entspannt aus dem Fenster. Wir hatten noch nicht überlegt, was wir an dem Tag noch machen wollten, und sie saß da, ganz entspannt und ließ die Dinge auf sich zukommen. Das hat mich sehr beeindruckt. Einfach da sein, wahrnehmen und Dinge geschehen lassen.

Am nächsten Morgen frühstückte ich mit Beatrice und zog dann los, sie musste noch ihren Rucksack packen und hatte auch eine kürzere Etappe geplant als ich. Als ich gegen 11 Uhr Rast an einer Bergkirche machte, holte sie mich ein, und wir liefen gemeinsam weiter bis nach Langenselbold. Dort hatte sie ein Quartier bei Bekannten. Wir ließen es uns bei Kaffee und Eis gutgehen und verabschiedeten uns dann, „vielleicht bis bald". Sie wollte bis ja Trier laufen, mehr Zeit hatte sie nicht. Und da wollte ich auch hin, nur dass ich im vorderen Hunsrück noch eine Verwandten-Besuchsrunde drehen wollte. Wir tauschten unsere Mobilnummern aus; ich hatte das Gefühl, dass wir uns noch mal wiedersehen würden.

Nach elf langen Kilometern kam ich in meinem Quartier in Bruchköbel an, in einem evangelischen Gemeindehaus. Dort gaben ältere Damen Lebensmittelpakete an arabisch und ukrainisch aussehende Menschen aus: Zucker, Mehl, Öl, Konserven. Ein junger und sehr netter Mann arbeitete mit, Berus aus dem Iran. Er lebte in einem Gästezimmer im Obergeschoss des Hauses, war seit neun Monaten in Deutschland und sprach sehr gut deutsch. Er bot mir von seinen Vorräten an und erzählte mir ganz stolz, dass er ab nächste Woche bei einem örtlichen Tischler arbeite, er habe seit kurzem einen Arbeitsvertrag.

Um 18 Uhr wurde die Lebensmittelausgabe geschlossen. Ich legte mir zwei Turnmatten in eine Ecke des Raumes und ließ mich dort mit Isomatte und Schlafsack nieder. Um 20 Uhr traf sich ein kirchliches Gremium im Haus, alles nette Leute; Berus schaute noch mal bei mir vorbei und fragte, ob ich noch was brauchte – perfekte iranische Gastfreundschaft. Dann stellte sich der Pfarrer vor und bot an, mir die schon verschlossene Kirche zu zeigen. Er nahm mich mit über den Hof und deutete stolz auf eine renovierte Kirche, außen ein klobiger quadratischer Turm aus Bruchsteinen, an den sich ein modernes Kirchenschiff mit Buntglasfenstern anschloss. Auf der Orgelempore übte noch jemand.

Mit der letzten Abenddämmerung schlief ich ein. Mir fiel noch der Pilgerbus ein, den ich 3 km vor dem Ziel am Wegesrand neben einem Biohof („Ackerlei") gesehen hatte: ein alter, von außen bemalter VW-Bus mit Doppelmatratze, Gästebuch und Pilgerstempel. Der prangt jetzt in meinem Tagebuch: „Slow down – May GOD bless you and your Journey."

Als ich früh mein Müsli im Gemeindezentrum löffelte, kam Berus dazu und brachte mir frisch gewaschene Erdbeeren und Kuchen. Das freute mich sehr; meine Vorräte waren doch etwas einseitig: Brot, Käse, Müsli, Studentenfutter, gesalzene Nüsse.

Dann brach ich in Richtung Frankfurt auf, wo ich bei Katha, Felis Cousine übernachten konnte. Sie hat vor einigen Jahren eine Ausbildung zur Gärtnerin in biologisch-dynamischer Bodenbearbeitung beim Dottenfelder Hof am Ostrand von Frankfurt gemacht. Von ihr wusste ich, dass es dort ein tolles Hofcafé mit Mittagsimbiss und einem großen Bioladen gibt. Diesen Hof peilte ich an und war zur besten Mittagszeit gegen 12:30 Uhr dort. Ich aß das Tagesgericht, Haferbällchen mit Quark und Gemüse, sehr lecker, danach noch Kaffee und Kuchen. Das Ganze bewegte sich eher im oberen Preissegment, dafür war es Bioqualität und kam z. T. direkt vom Hof.

Katha wohnt im Nordwesten von Frankfurt. Da ich nicht stundenlang über Asphaltstraßen laufen wollte, setzte ich mich in Bus und S-Bahn und fuhr bequem zu ihr.

Wir sehen uns ca. einmal im Jahr, wenn Katha ihre Meißner Verwandtschaft besucht oder auf der Durchreise ist. Sie ist sehr naturverbunden, fahrrad- und wanderfreudig: Wir kommen leicht ins Gespräch.

Nachdem ich geduscht und meinen Schlafsack in ihrem Arbeitszimmer ausgerollt hatte, gingen wir eine Runde raus, um Kathas Gemüsebestellung abzuholen: sie ist Mitglied einer Food-Kooperative. Die Leute beziehen verschiedenes Gemüse und Kartoffeln bei einem Biobauern und verteilen es dann untereinander. Das Lager befindet sich in einem Schuppen auf dem Gelände eines alternativen Wohnprojekts. Nach anderthalb Stunden mit einem Bogen am schönen Nidda-Ufer entlang kamen wir wieder in Kathas Wohnung an. Zum Abendessen gab es natürlich Gemüsesuppe.

Am nächsten Morgen lief ich nach einem guten Frühstück am Nidda-Ufer entlang in Richtung Westen. Die übernächsten zwei Übernachtungen hatte ich über Booking.com in Mainz festgemacht; dort wollte ich auch einen Ruhetag einlegen. Aber für diesen Abend hatte ich noch nichts. Es war der Samstag nach Himmelfahrt, außerdem fand gerade der evangelische Kirchentag in Nürnberg statt. Bei den Gemeindebüros beider Konfessionen war entweder keiner da oder sie konnten mir nicht weiterhelfen. So stellte ich mich darauf ein, die erste Nacht im Freien zu schlafen, in einem Hochsitz oder neben gestapelten Heuballen zum Beispiel.

Da klingelte plötzlich mein Handy. Ein Herr Weber meldete sich. Ob ich der Herr Heinrich, der Pilger sei? Er habe ein Quartier für mich, in Okriftel bei Hattersheim.

Irre! Bei einem meiner vielen Anrufe vor zwei Tagen hatte eine Dame eines evangelischen Gemeindebüros gemeint, es gebe jemanden, der selbst schon gepilgert sei und der ab und zu Pilger bei sich übernachten lasse. Ob sie meine Nummer weitergeben dürfe. Das hatte ich schon ganz vergessen.

Zweiter Engel am Weg

Dieser Anruf eben kam mir vor wie der eines Engels! Ich hatte mich schon damit abgefunden, dass ich heute kein Übernachtungsquartier bekommen würde, und dann klingelt fünf Minuten später das Telefon… Und die Beherbergung war eine der besten auf meinem Weg!

Die Begebenheit zeigte mir das Spannungsverhältnis von Gottvertrauen und Eigeninitiative: ich hatte überall herumtelefoniert und getan, was ich meinte tun zu können. Als sich daraus nichts ergab und ich mich in die Situation hineinschickte, erschien mein „Engel".

Die Webers waren ungefähr 75 Jahre alt und wohnten in einem Einfamilienhaus. Ihr erwachsener Sohn ist nach dem Studium nach Santiago gelaufen und hat in Katalanien seine Frau kennengelernt. Herr Weber ist selbst schon zweimal mit dem Fahrrad nach Santiago gefahren und hat einmal auch eine Schulklasse von der französisch-spanischen Grenze bis zum Ziel begleitet. Ich wurde im „spanischen Zimmer" untergebracht, wohl ein ehemaliges Kinderzimmer, in dem nun die junge Familie mit ihren Kindern bei Besuchen übernachtet. Abends bekam ich den Rest ihres Mittagessens, Nudeln mit Haschee. Ich merkte, ich komme nach Hause bzw. in meine alte Heimat… Haschee ist die rheinländische, aus dem Französischen stammende Bezeichnung für Hackfleischsoße.

In Sachsen gibt es das so nicht. Die nächstliegende Entsprechung heißt Tomatensoße mit Wurstgulasch. Aber das kommt an Haschee nicht ran! Ich merkte, wie eng Essen und Heimatgefühl zusammenhängen!

Herr Weber zeigte mir sein Foto- und Andenkenheft der Spanienfahrten und war auch an meinem Plan interessiert. Die Atmosphäre war – vom Begrüßungsbier bis zum Abschied – sehr herzlich und offen. Auf die Frage, wann ich denn frühstücken wolle, antwortete ich: Früh, am liebsten bin ich ab 6:30 / 7:00 Uhr schon unterwegs. Für Webers war das kein Problem, und so saßen wir am nächsten Morgen zu dritt ab 6:15 Uhr beim Frühstück, uns lebhaft unterhaltend. Gegen 7:30 Uhr zog ich mit Brötchen, Hartwurst und Banane von Webers gut gelaunt weiter nach Mainz.

Es war Sonntagmorgen. Ein Gottesdienst am Wegesrand wäre schön, dachte ich. Ich sah die Flörsheimer Kirche und schaute im Netz nach den Gottesdienstzeiten: Normalerweise 9:30 Uhr, heute um 10:00 Uhr wegen Konfirmation. Das war in einer halben Stunde, das schaffte ich genau. So erlebte ich in einer vollen Kirche einen schönen Gottesdienst mit einem jungen Pfarrer und vielen Jugendlichen. Das hat Seltenheitswert!

Danach wurde der Weg etwas öder. Aber als in Hochheim die ersten Weinberge erschienen, kamen wieder Heimatgefühle in mir auf: In der Nähe meines Elternhauses gab es einige wenige Weinberge. Und meine Lieblingstante besaß ein Weingut an der Nahe, in dem wir als Jugendliche zur Weinlese und auch sonst ab und zu mithalfen.

Als ich auf der Mainzer Theodor-Heuss-Brücke rheinland-pfälzischen Boden und damit mein altes Heimatbundesland betrat, kam mir das als ganz erhebender Moment vor. Nicht, dass ich den Asphalt hätte küssen wollen, aber die ersten Meter hinter dem Ortsschild MAINZ bin ich sehr bewusst gelaufen. Das hat mich selbst überrascht. Meine Frau und ich leben jetzt seit 29 Jahren in Sachsen, unsere Kinder sind hier groß geworden, wir haben einen guten Freundeskreis, aber dass die emotionale Beziehung zu meiner alten Heimat so stark ist, war mir bis zu diesem Moment nicht bewusst.

Die vorgebuchte Wohnung lag in Mainz-Weisenau (in der Nähe von Biontec, An der Goldgrube!), war sauber und groß und die Vermieter, ein im Haus lebendes Paar, ganz in Ordnung. Hier blieb ich für zwei Übernachtungen und gönnte meinem Körper eine Wanderpause.

Abbildung 22: Stefanskirche Mainz mit Chagall-Fenstern

Meine Lieblings-Besuchsstation in Mainz ist die Stefanskirche mit den neun Chagall-Fenstern. So ein Blau! Einfach nur toll. Das Foto in Abbildung 22 gibt nur einen schwachen Abglanz der Atmosphäre dieses Raumes wieder. Die Glasfenster sind die einzigen, die der berühmte russisch-französische Künstler jüdischen Glaubens für ein Gebäude in Deutschland geschaffen hat.

Ich saß zweimal in der Kirche, machte zwei Führungen mit (Innenraum, Kreuzgang) und schickte neun Karten mit Motiven der Fenster an Familie und Freunde.

Ansonsten habe ich einen Krimi gelesen, den ich aus einer Büchertausch-Telefonzelle mitgenommen hatte, ein paar Klamotten gewaschen, mir etwas gekocht, ausgiebig Mittagsschlaf gemacht und Quartiere für den weiteren Weg im Hunsrück geplant.

Die nächste Unterkunft, bevor ich dann bei meinem Bruder und seiner Frau übernachten würde, kannte ich schon: den Bauer Schorsch, ein Campingplatz mit Biergarten direkt am Rhein in Bingen-Kempten. Mit unseren Mädchen hatte ich vor zehn Jahren bei einem runden Geburtstag eines Abi-Kollegen und Freundes dort gezeltet. Auf meine telefonische Anfrage, ob ich auch ohne Zelt, nur mit Schlafsack, dort übernachten könne, antwortete die Dame an der Theke: „Hm, normalerweise nicht, alle haben Zelt oder Wohnwagen. Aber kommen Sie mal her, wir finden schon eine Lösung." Diese Einstellung gefiel mir. Im Grunde meines Herzens gehe auch ich so Probleme an.

Auf dem Weg dorthin sollte ich die eindrücklichste Begegnung meiner ganzen Reise haben.

Dritter Engel: Geheilt!

Ich lief am späten Vormittag auf dem geschotterten Rheinwanderweg zwischen Ingelheim und Bingen-Kempten.

Wiesen, Kleingärten, Sportplätze, Pappel- und Erlenreihen, rechts neben mir der ruhig und breit dahinfließende „Vadder Rhein", dahinter die Weinberge um Geisenheim und Rüdesheim. Perfektes Wetter, blauer Himmel, Spätfrühling, ca. 20°.

Vor mir schloss ein Rentner seinen Kleingarten auf und sah mich kommen. Ich grüßte und er fragte mich nach „Woher – Wohin". Auf meine Antwort, dass ich in Richtung Trier / Paris wollte und aus Meißen in Sachsen käme, sagte er: **„Abber du bisch doch von hier!"** Ich zeigte auf meinen Ehering und erklärte ihm, dass meine Frau aus Meißen stammt und wir jetzt dort leben, ich aber hier aus der Gegend, Wald-Erbach bei Stromberg, komme und als Jugendlicher in Bingen auf das Gymnasium gegangen bin.

Kurze Rückblende, damit Sie den fettgedruckten Satz und die Überschrift 'Geheilt!' verstehen: Vor ca. 40 Jahren, bei einer Party meines Bruders, sagte mir einer seiner Kumpels: „Hans-Rainer: du bist keiner von uns!"

Dieser Satz hat seitdem in mir gearbeitet und mich mal mehr, mal weniger gewurmt. Und natürlich war an ihm was Wahres dran: während mein Bruder in der Dorfjugend gut integriert war – Fußball spielen, Moped frisieren, in die Disco gehen –, war ich eher introvertiert, las gerne, half meinem Vater im Garten und machte viel für die Schule. Insofern stand ich schon etwas abseits der anderen Jugendlichen.

Als ich nun am Rheinwanderweg stand und der Mann mir sein **„Abber du bisch doch von hier!"** entgegnete, war das wie Honig auf meine seit 40 Jahren verwundete Seele. Dieser Satz glich das „Du bist keiner von uns!" aus und hat mich geheilt. Ja, 'geheilt' ist der beste Ausdruck. Ich ging erfüllt, erlöst, beschwingt weiter.

Der Mann konnte nicht wissen, was sein Satz bei mir ausgelöst hat. Er wirkt noch heute nach und wärmt mich.

Ich war überzeugt, das war ein Engel, mein Engel.

Beim Bauer Schorsch stand heute nicht die nette Dame am Empfang, mit der ich telefoniert hatte, sondern jemand anderes. Der wollte mich ohne Zelt schon fast wegschicken, ging aber brummelnd mit einem „mussichdenCheffragen" nach hinten. Dann meinte er: „Du hast Glück. Morgen kommt die DLRG, da steht schon ein leeres Zelt von denen, da kannst du dich reinlegen." Dafür habe ich 17,50 € gezahlt – Bauer Schorsch ist schon geschäftstüchtig.

Das Zelt war ca. 6 x 12 m groß und an der langen Seite offen. Ich legte meine Sachen hin und ging zum Toiletten-/ Duschcontainer. Der war wiederum Hotelstandard: innen gefliest, blitzsauber, außen saß ein netter Mann aus Pakistan oder dem Iran, der dort für Ordnung sorgte und mit jedem, der wollte, in ziemlich gutem Deutsch ins Gespräch kam.

Abbildung 23: Bei Bauer Schorsch, Bingen-Kempten

Im Biergartenbereich setzte ich mich hin, schaute auf den Rhein und die Weinberge und genoss die Atmosphäre. Viel schöner kann es im Himmel nicht sein! Die Leute sprachen meinen Heimatdialekt, ich fühlte mich so rundum wohl, herrlich! Solche Momente erlebe ich selten. Warum eigentlich?

Gegen 21 Uhr, es war noch hell am 6. Juni, ging ich zu meinem Großzelt, ich war 26 km gelaufen und müde. In der Abenddämmerung dämmerte auch ich allmählich weg, im Hintergrund Kneipen- und Zeltplatzgeräusche. Plötzlich bellte ein Hund auf und kam in meine Richtung, dahinter ein Mann, der ihn zögerlich zurückrief. Ich setzte mich auf und hoffte, dass der Köter mich nicht abschleckte oder gar angriff. Der Mann bläkte mich an: „Was sucht du Strolch hier? Mach dich ab, aber sofort!" Ich war erst verdattert, kam aber dann zu mir und entgegnete: „Ich hab hier ordentlich bezahlt und für 30 Euro gegessen und getrunken. Außerdem bin ich ein Pilger und morgen früh hier weg." Da änderte sich sein Ton; er entschuldigte sich, das habe er nicht gewusst, das sei ein Kommunikationsproblem mit der Rezeption. Er wünschte mir noch gute Pilgererfahrungen und zog weiter auf seiner Kontrollrunde. Gegen 3 Uhr morgens bellte sein Hund wieder in meine Richtung, wurde von seinem Herrchen aber gleich weggerufen.

Kurz nach 6 Uhr stand ich am Empfang und schaute, ob ich einen Kaffee bekomme, wurde aber enttäuscht. Die beiden Mitarbeiter waren im Stress, um den Laden um 8 Uhr zu eröffnen. Keine Zeit für Extrawünsche!

Bei meiner Tante Magda würde ich nachher Kaffee im Überfluss bekommen...

3.8 Verwandtenrunde – meine Wurzeln

Außer meinem Bruder mit seiner Familie leben hier zwischen Bingen, Stromberg und Bad Kreuznach (siehe Abbildung 24) noch drei Schwestern und ein Bruder meiner Mutter, die vor vier Jahren gestorben ist. Mein Vater ist schon seit 35 Jahren tot.

Emotional am meisten verbunden bin ich mit Tante Magda. Sie ist 90 Jahre alt und Witwe eines Winzers. Sie wohnt in Münster-Sarmsheim und war die erste auf meinem Weg. Sie zu sehen war mir eine besondere Freude. Ich hatte sie am Tag zuvor angerufen und meinen Besuch für den Vormittag angekündigt.

Der Weg vom Zeltplatz des Bauern Schorsch führte über den Rochusberg und Bingen. Dort ging ich neun Jahre auf das Gymnasium. Ich wählte die Route so, dass ich an der Schule vorbeikam. Trotz einiger Neubauten kannte ich mich dort aus. Das einzig Irritierende war, dass an einem Mittwochmorgen gegen 8:30 Uhr keine Schüler da waren. Eine einsame Lehrerin sagte mir, heute sei ein freier Brückentag vor dem morgigen Feiertag, Fronleichnam. Sie staunte nicht schlecht, als ich ihr sagte, dass ich vor 41 Jahren hier das Abitur gemacht hätte.

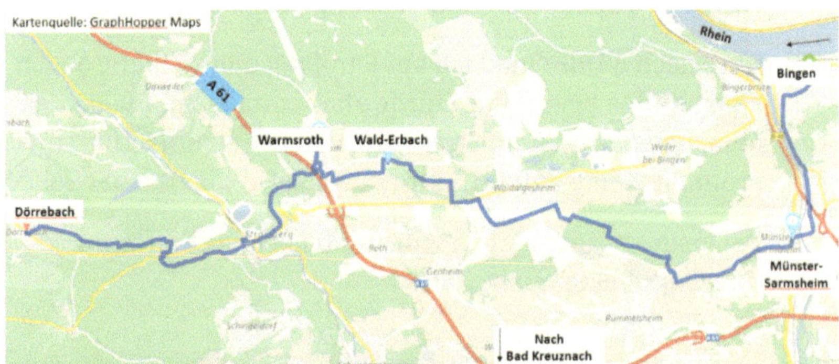

Abbildung 24: In meiner alten Heimat

Ich lief auf bekannten Straßen, über die 2000 Jahre alte
Drusus-Brücke, die die Nahe überspannt, nach Münster
Sarmsheim. Der schnellste Weg führte an einer vielbefahrenen Straße entlang. Mein GARMIN schlug mir einen mir
unbekannten Wanderweg vor, der durch das Tal des Mühl-
bachs und dann in einen Weinberg und in ein Waldstück
abbiegend führte. Eine tolle Alternative mit verwilderten
Wegabschnitten, die schon lange nicht begangen worden
sind.

Dann stand ich vor der Haustür von Tante Magda und klingelte. Ein tolles Wiedersehen. Zuletzt hatte ich sie vor vier
Jahren bei der Beerdigung meiner Mutter gesehen. Sie war
natürlich etwas wackliger geworden, aber ihre Stimme und
Gesten waren noch „die alten". Wir frühstückten und gingen viele Verwandte durch („Was macht denn der Wolf-
gang? – Wie geht's der Anne?").

Gegen 11 Uhr brach ich auf, nachdem ich zweimal abgelehnt hatte, noch zum Mittagessen zu bleiben. Ich lief durch
Weinberge und Waldwege 200 Höhenmeter hinauf über
Genheim nach Roth. Dort wohnt Tante Vera, die älteste
Schwester meiner Mutter, mit ihrem Mann Jakob. Sie sind
mit 91 und 92 Jahren die ältesten Einwohner des Dorfs
und leben selbstbestimmt und erstaunlich rüstig in ihrem
großen Haus, aus dem ihre vier Kinder längst ausgezogen
sind. Ein großes Hallo an der Haustür – ich hatte, nachdem
ich bei Tante Magda losgelaufen war, angerufen und mich
angekündigt. Aber sie wussten schon, dass ich unterwegs
war – die Geschwisterkommunikation funktioniert.

Ich saß kaum, da stand auch schon ein voller Teller mit
Kartoffeln, Gemüse und einer Bratwurst vor mir: „Ei, du
muscht doch esse, so weit, wie du gelaaf bischt!" Ich ließ es
mir schmecken, bekam noch eine Bratwurst auf den Teller
gelegt, und wir erzählten von meiner Familie und ihren
Kindern, Enkeln und mittlerweile zwei Urenkeln. Jakob
zeigte mir noch seinen alten Traktor, einen Einzylinder-Ei-

cher, mit dem er früher seine „Feierabend-Landwirtschaft"
beackert hatte und vier Bienenvölker, die Moni, eine seiner
Töchter, bei ihm stehen hatte. Tante Vera kam furchtlos
dazu und meinte: „Brauchst keine Angst zu haben, die ste-
chen nicht", – zack, flog mir eine Biene ins Haar und stach
zu.

Für den Nachmittag hatte ich mich bei meinem Bruder Roland und seiner Frau Heike angemeldet. So brach ich nach
Warmsroth auf, ca. 3 km. Ich wählte den Weg über Wald-
Erbach, ein Gehöft mit fünf Familien, in dem ich aufge-
wachsen bin. Heike und Roland haben an unser Elternhaus,
ein ehemaliges Ausflugslokal, angebaut und das Grundstück später verkauft. Sie bauten im Nachbarort Warmsroth, 534 Einwohner, wo sie jetzt mit ihren beiden Kindern
wohnen.

Das erste Haus von Wald-Erbach, von Roth kommend, ist
der „Dollarhof" bzw. der „Schmitts Martin". Dort wohnen
jetzt „Tante Hertha" und ihre Tochter. Sie ist keine echte
Tante, sondern die Schwester von „Onkel Willi", unserem
Nachbarn, einer der beiden Großbauern in Wald-Erbach.
Spontan entschied ich mich zu klingeln und Hallo zu sagen.
Nach einer Weile öffnete sie die Tür, erkannte mich erst
nicht, aber dann fiel der Groschen. Welch eine Freude bei
ihr! Mit Mitte 80 ist sie noch geistig fit, redegewandt wie
früher und bestens informiert über alle Dorfgeschichten.
Aus den geplanten fünf Minuten wurde ungefähr eine
Stunde.

Ich lief einen knappen Kilometer später an unserem Elternhaus vorbei, das nun fremden, mir unbekannten Leuten gehört. Noch zu Lebzeiten meiner Mutter hatten mein
Bruder und ich uns geeinigt, dass er das elterliche Grundstück erhält, sich um die Pflege meiner Mutter kümmert
und mich auszahlt. Ich hatte mit meiner Frau im ehemaligen Garten ihrer Eltern unser Nest gebaut und lief nun
ohne große Emotionen oder Bindungsgefühle an dem Haus

vorbei, in dem ich die ersten 20 Jahre meines Lebens verbracht habe.

Abbildung 25: Kapelle Wald-Erbach, meine alte Heimat

Schließlich kam ich in Warmsroth bei Heike und Roland an, auch ein emotionales Etappenziel. Die beiden empfingen mich herzlich; ich konnte duschen und in einem der Kinderzimmer übernachten. Auf dem Nachbargrundstück haben sie noch ein Haus gebaut, darin wohnen jetzt ihre Kinder Jessica und Denis mit ihren jeweiligen Partnern. Jessica ist vor gut zwei Jahren Mama geworden. Sie arbeitet als Lehrerin und nimmt die Oma- und Opadienste gerne in Anspruch.

Abends grillte Roland; Heike hatte Salate und den Rest vorbereitet. Es war sehr harmonisch, als dann drei Generationen am Tisch saßen und sich unterhielten. Und für mich fühlte es sich sehr gut an, hier zu sein.

So oft treffe ich meinen Bruder nicht; zuletzt hatten wir uns vor vier Jahren gesehen: bei der Beerdigung unserer Mutter und dann ein paar Monate später, als Heike und Roland uns in Meißen kurz besuchten. Es wäre nun eine gute Gelegenheit, ein paar Tage hier zu bleiben und die Beziehungen zu pflegen, aber mich drängte es nach Laufen und Unterwegssein.

So brach ich am nächsten Tag, Fronleichnam, ein Feiertag hier, wie in allen katholischen Bundesländern, auf. Ich hatte mich mit meinem Patenonkel Karl-Josef, genannt Jupp, verabredet. Ich lief über Stromberg, wo ich die Grundschule besucht hatte, weiter nach Dörrebach und zur Lehnmühle, ca. 7 km. In Stromberg, am Anfang des steilen Anstiegs zum Schwimmbad und zum Schindeldorf, schaute ich auf meinem GARMIN, ob es einen schöneren Weg durch den Wald gibt. Da spricht mich eine Frau in meinem Alter an: „Da hoch ist der Weg schöner!" Wir kamen gleich ins Gespräch und fanden einen gemeinsamen Bekannten aus Schulzeiten, waren aber verschiedene Jahrgänge. Sie interessierte sich sehr für meine Pilgertour und Auszeit, da sie auch so etwas vorhatte. Es war eine jener schönen beflügelnden Begegnungen am Wegesrand: ein kurzer Plausch mit wildfremden Menschen, zu denen ich anschließend eine große Verbundenheit und Nähe spürte. Ich lief beschwingt den Berg hinauf.

Am Ortsausgang, wo mein Weg von der Straße zum Schindeldorf in den Wald führte, überholte ich zwei Männer. Auf mein „Guten Morgen" fragte einer: „Sag mal, bist du der Hans-Rainer aus Wald-Erbach?" Ich war platt. Es waren Zimmi und Peter, zwei „Jungs" aus der katholischen Jugendgruppe, in der ich nach der Firmung einige Jahre engagiert war. Ich hätte sie nicht erkannt, aber anscheinend hatte ich bei ihnen einen bleibenden Eindruck hinterlassen. Sie waren auf dem Weg zum Mittagessen in einer Gaststätte in Dörrebach, so hatten wir den gleichen Weg.

Nach rund 40 Jahren Wiedersehen gab es einiges zu erzählen. Am Abzweig zur Lehnmühle, den wir wie im Flug erreichten, verabschiedeten wir uns und ich klingelte am

Haus von Onkel Jupp, dem Elternhaus meiner Mutter. Zusammen mit zwei weiteren Häusern, einem zu meiner Kindheit verwahrlosten Haus eines Alkoholikers, jetzt aber durchsaniert und von einer jungen Familie bewohnt, und einem Biobauernhof bilden die drei Häuser die Lehnmühle.

Onkel Jupp war in unserer Verwandtschaft der ewige Junggeselle. Er lernte mit Mitte 50 Gertrud kennen, eine zugezogene Lehrerin, und die beiden heirateten; ich war Trauzeuge. Onkel Jupp brachte mir das Schwimmen und das Schachspielen bei, unternahm ab und zu an Sonntagen, wenn meine Eltern Hochbetrieb in der Gaststätte hatten, mit meinem Bruder und mir kleine Ausflüge, holte uns einmal extra ab, um uns einen zerlegten Traktormotor zu zeigen und zu erklären („das müsse die Bube doch ma gesehn habbe!") und fuhr mit uns zu unserem ersten Theaterbesuch nach Mainz (in der Adventszeit zu Hänsel und Gretel). Ich mag ihn sehr und habe ihm viel zu verdanken, auch für sein Zuhören in pubertierenden Zeiten, wenn ich mit Welt- oder Herzschmerz bei ihm war.

Wir saßen in ihrem schönen Garten bei bestem Spätfrühlingswetter, ich erkundigte mich – wie jedes Mal, wenn ich dort war – nach der Schilfkläranlage, die die Abwässer der drei Häuser reinigt und die Onkel Jupp immer im Blick hat. Seine Bienenvölker und sein Engagement bei der Ausbildung bzw. Anleitung von Jungimkern waren natürlich auch ein Thema. Am Tag zuvor hatte er mit Gertrud Honig geschleudert und sich dabei übernommen; der liebe Onkel hatte vergessen, dass er 85 ist!

Gertrud servierte ein leckeres Mittagessen und einen Kaffee hinterher, dann brach ich auf zur nächsten Station: ich hatte mich in Bad Kreuznach bei Harald angemeldet. Den kenne ich aus der katholischen Hochschulgemeinde in Darmstadt; wir sind die ganzen Jahre in losem, gutem Kontakt geblieben. Er ist in St. Goar am Rhein geboren, rd. 30 km rheinabwärts von Bingen. Er hat vor einigen Jahren das elterliche Haus in Bad Kreuznach von Grund auf renoviert und lebt nun darin.

Zu meinem Erstaunen erwies sich der öffentliche Nahverkehr im Hunsrück besser als ich befürchtet hatte: es gab laut DB-Navigator eine mir passende Busverbindung von Dörrebach nach Bad Kreuznach mit einem Umstieg in Stromberg, sogar heute, am Feiertag. Doch fünf Minuten nach der planmäßigen Abfahrtszeit an der Bushaltestelle wurde ich etwas unruhig. Ich fragte ein Ehepaar, die aus der benachbarten Gaststätte kamen, ob sie wüssten, ob der Bus heute fahre. „Wir fahren kein Bus. Wo wollen Sie denn hin?" Eine Minute später saß ich in ihrem Auto; sie hatten die gleiche Richtung wie ich. Natürlich ist ein Mann mit großem Rucksack und Wanderstock einige Erklärungen schuldig, die ich auch gerne gab. In Stromberg sollte mein Anschlussbus nach Bad Kreuznach in ein paar Minuten losfahren, war aber erst für in einer Stunde angezeigt. Da schwante mir, dass der DB-Navigator den Fronleichnamstag, der ja nicht in ganz Deutschland ein Feiertag ist, als Werktag zählte. Aber hier galt der Feiertags- bzw. Sonntagsfahrplan.

Ich bedankte mich bei den Leuten, sagte, dass ich hier wartete, ich hätte Zeit, aber sie meinten: „Komm steig ein, wir fahren dich nach Kreuznach zur ersten Stadtbus-Haltestelle, das ist kein großer Umweg für uns." Die Frau überlegte, einmal eine Pilgerreise zu unternehmen; so hatten wir viel und Interessantes zu reden. Die beiden waren, wenn man will, meine vierten Engel am Weg...

Dort ließ ich mich von meinem Freund Harald abholen. Er ist ein Autobastler und kam mit einem alten roten Mercedes mit historischem Kennzeichen an. Es ist eins von mehreren alten Autos, die er bei sich stehen hat und repariert. Harald hat Elektrotechnik studiert, in Revisionsabteilungen einiger großer Firmen gearbeitet und schon viele Reisen unternommen, vor allem nach Südamerika und Mittelasien.

Wir saßen auf der Terrasse mit Blick auf seinen Garten, seine Freundin Renata war da, wir tranken Sekt und Wein und unterhielten uns gut. Harald tickt so ähnlich wie ich; wir kommen aus der gleichen Gegend und verstehen uns, auch wenn das letzte Treffen jahrelang her war, sehr gut. So etwas finde ich sehr wohltuend.

In den letzten beiden Tagen hatte ich sieben Verwandte getroffen: meinen Bruder und drei Tanten/Onkel mit Ehepartnern. Überall war ich mit großer Freude aufgenommen und bewirtet worden und habe mich an meine Wurzeln erinnert. Dazu bin ich Wege meiner Kindheit gelaufen. Es war, nachdem ich vor 39 Jahren zum Studium von zu Hause weggezogen war, ein Rückbesinnen, ein Erden, das Erleben meiner Herkunft und Eintauchen in die „Ursuppe", aus der ich mit meinen Genen stamme. Es fühlte sich gut an.

Abbildung 26: Mein Bruder, mein Patenonkel

3.9 Von Bad Kreuznach nach Trier

Bei der Quartierplanung in Mainz war mir bewusst geworden, dass der Hunsrück dünn besiedelt ist und es nicht so viele Unterkünfte gibt. Einen Fixpunkt hatte ich schon: meine Cousine Moni wohnt mit ihrem Mann auf einem Hof bei Kirchberg, mitten im Hunsrück. Sie wollte ich schon immer mal besuchen. Von ihrer Mutter, Tante Vera, hatte ich die Telefonnummer und einen Besuch mit Übernachtung klargemacht. Von Bad Kreuznach waren das rd. 50 km, also zwei Tagesetappen. Nach einigem Rumtelefonieren fand ich eine Pension in Spall, ein kleines Hunsrückdorf 20 km nordwestlich von Bad Kreuznach, am Rand des Naturparks Soonwald-Nahe.

Mein Lieblingscousin Hans-Jörg – er nennt sich jetzt, wie auch ich, Hans – hatte vom Beginn meiner Planung großes Interesse an meinem Auszeit-Projekt. Wir sind uns von der Art her und der Einstellung, wie wir die Welt sehen, ähnlich und verstehen uns, auch mit unseren Familien, sehr gut. Selbst wenn wir uns manchmal einige Jahre nicht sehen – er wohnt in Esslingen –, finden wir schnell wieder einen Draht zueinander. Wir haben als Jugendliche den ersten großen Urlaub, vier Wochen mit Rucksack und Interrail durch Irland, zusammen verbracht und uns später in der Familienphase immer wieder gegenseitig besucht.

Hans meinte, als er von meinen Plänen hörte, wenn es irgendwie passe, würde er gerne ein paar Tage mitlaufen. Diese Tage waren jetzt. Wir hatten uns für heute Vormittag am Bahnhof Bad Kreuznach verabredet und ich freute mich sehr auf ihn.

Harald fuhr uns vom Bahnhof an den Stadtrand, zum „Hungrigen Wolf", ein kleiner Wanderparkplatz in den Weinbergen in Richtung Winzenheim. Wir verabschiedeten uns und dann liefen wir beiden Hanse los.

Es war mein 33. Tag unterwegs, bisher tagsüber alleine. Ein kleiner Gedanke hatte sich vorher in mir geregt: Ob das klappt, gemeinsam zu laufen? Ja, „es lief". Wir hatten das gleiche Lauftempo und waren gut im Gespräch, mal flapsig, mal nachdenklich, mal schweigend. Hans vertraute sich meinem GARMIN an, dass uns wieder sicher durch Weinberge, Wiesen und Orte nach Spall führte.

Die „Pension Gudrun" wurde von einer 75jährigen Frau geführt, ihr 82jähriger Mann werkelte im Hof herum. Sie sprachen beide einen strammen Hunsrücker Dialekt, den wir gut verstanden. Gudrun war eine gemütliche alte Dame, die sonst Monteure beherbergte. Im Flur hingen Ehrenurkunden zu langjähriger Mitgliedschaft im Hunsrück-Wanderverein; die hiesige Ortsgruppe hat sie mitgegründet.

Zum Abendessen schickte sie uns in den „Spaller Hof". Wir aßen jeder eine Riesenportion Ochsenbrust zu moderaten Preisen, dazu einige Biere, zum Abschluss Underberg als Verdauungshilfe[1]. Das Leben war herrlich!

Als wir gegen halb 10 zurück in die Pension kamen, saßen Gudrun und ihr Mann draußen auf einer Bank vor dem Haus und luden uns noch auf ein Bier ein. „Do hinne iss a Kischt, hul dä was russ!" Hans nahm sich ein 033er Bitburger, die hier vorherrschende, herb-wohlschmeckende Biermarke. Ich hatte genug. Außerdem geht mir der Satz einer Bekannten durch den Kopf, dass Alkoholkonsum die Demenz befördere. Auch unsere Medizin studierende Tochter meinte, und das ist ja auch bekannt: Alkohol ist ein Zellgift und kann Krebs befördern. Andererseits: im Sommer, nach 20 gelaufenen Kilometern, schmecken ein, zwei Bier schon gut…

Die beiden erzählten uns aus ihrem Leben und waren, glaube ich, froh, mal wieder Gäste zu haben. Vielleicht waren wir die letzten, bevor Gudrun nicht mehr kann…

---

[1] Bei fettigem Essen reagiert meine Galle. Ich habe schon einige Kräuterschnäpse ausprobiert – Underberg ist der beste!

Das Frühstück hatten wir für 6:30 Uhr ausgehandelt. Morgens läuft es sich gut, finde ich, und wir hatten rd. 30 km vor uns. Der Ausdruck „üppig" war für das Frühstück untertrieben; von dem, was Gudrun uns auf den Tisch gestellt hatte, wären fünf Leute satt geworden!

Sie saß beim Frühstücken neben uns und wollte etwas unterhalten werden, aber wir waren noch müde und restalkoholisiert...

Der Weg durch den Hunsrück bzw. in diesem Teil durch den Soonwald war phantastisch. Ganz viel Wald, tolle Blicke auf Höhenrücken zwischendurch, Landschaften meiner Kindheit. Ich fühlte mich hier einfach wohl. Die Dankbarkeit, die mich von Anfang an begleitet hatte, dass ich diese Zeit für mich haben darf, wurde hier noch stärker.

Abbildung 27: Auf einem Soonwald-Pfad

Gegen 17 Uhr trafen wir bei unserer Cousine Moni und ihrem Mann Achim ein. Sie haben ein altes Bauernhaus gekauft und nach und nach renoviert. Ihre beiden Kinder sind „raus". Die Pferde (drei), Hühner (sechs) und Bienen (viele) sind geblieben.

Im Obergeschoss der Scheune konnten wir uns mit unseren Rucksäcken und Schlafsäcken auf Matratzen ausbreiten. Zum Abendessen gab es einen Ringel Fleischwurst und Brötchen, einfach und wohlschmeckend. Wir hatten uns zuletzt bei der Beerdigung meiner Mutter gesehen und haben uns gut verstanden. Jeder hatte etwas von seiner Familie zu erzählen. Ich merkte an dem Abend, wie tragfähig das Fundament der Verwandtschaft ist. Natürlich kann „Verwandtschaft" auch belastend und anstrengend sein. Ich als Gast hier, der dann weiterwandert bzw. dann wieder in meine sächsische Wahlheimat zurückkehrt, erlebte die Begegnungen mit Onkels, Tanten und Cousinen als wohltuend und stärkend. Vieles ist klar und muss nicht erklärt werden: die Elternhäuser, welcher Wind dort wehte; die Schulzeit, das alles ist bekannt.

Am nächsten Morgen, ein Sonntag, wollte Hans wieder zurück nach Esslingen. Er ließ sich von Moni nach Bingerbrück zum Bahnhof mitnehmen. Ich stieg auch ein und fuhr bis Dickenschied, einem kleinen Ort bei Kirchberg. Dort war um 9:30 Uhr Gottesdienst, den ich besuchen wollte. Dann steuerte ich den Nachbarort Lindenschied an und zwar aus folgendem Grund: Vor 39 Jahren hatte ich nach dem Ende meiner Bundeswehrzeit ein Baupraktikum gemacht, eine Zugangsvoraussetzung für mein Studium. Die Kolonne, bei der ich arbeitete, stammte aus drei Hunsrückorten rund um Kirchberg. Zu dem Kranfahrer Arthur hatte ich damals ein besonders gutes Verhältnis. Obwohl ich mich teilweise recht tapsig angestellt habe und manches raue Wort dafür kassierte, hat er mich etwas unter seine Fittiche genommen. Er war schätzungsweise 20 Jahre älter als ich, also jetzt um die 80 Jahre alt. Im Telefonbuch fand ich tatsächlich seine Nummer und die Anschrift. Ich rief an, und nach einer Weile erkannte er mich.

Und jetzt stand ich vor seiner Tür und klingelte. Ein wirklich alter Mann öffnete mir. Die Stimme war noch die gleiche wie früher, aber meine Erinnerung an einen ca. 40jährigen kräftigen Bauarbeiter ... war halt meine Erinnerung von vor 39 Jahren. Wie ich mit 80 aussehen werde, wenn ich dann noch lebe?

Auf jeden Fall freute sich Arthur sehr. Er war vor kurzem aus dem Krankenhaus zurückgekehrt; ein Teil des Magens war ihm herausoperiert worden. Statt Fleisch und Bier wie früher löffelte er jetzt Haferschleim– das tat er tapfer und „für die Gesundheit". Geistig war er voll da; wir redeten über vergangene Baustellen und Kollegen, von denen schon einer gestorben war.

Nach einer Stunde verabschiedete ich mich; ich hatte noch einige Kilometer vor mir. Mittags loszulaufen gefällt mir nicht so, aber dieser Besuch und auch vorher der Gottesdienst waren mir das wert. Denn das Baupraktikums, ein halbes Jahr, war eine harte Zeit für mich gewesen. Handwerklich bin ich nicht begabt, und das merken Bauarbeiter sofort. Was aus mir und meinem Leben geworden wäre, wenn ich diese Zeit nicht durchgestanden und eine andere, vielleicht soziale Berufsrichtung gewählt hätte, wer weiß. Im Nachhinein bin ich froh, wie alles gelaufen ist. Und daran hat auch Arthur mit seinen Aufmunterungen und Scherzen seinen Anteil.

Unter blauem Himmel und bei ca. 30° lief ich durch Wiesen und Wälder. Bis nach Hochscheid wollte ich kommen, noch ca. 20 km. Dort, in einer Pizzeria, hatte ich mit einem Pfarrer einen Treffpunkt ausgemacht. Ich konnte bei ihm im Pfarrhaus übernachten. Am Telefon meinte er: „Als Gegenleistung möchte ich, dass Sie mich zu einer Pizza einladen." Auf den Deal ließ ich mich gerne ein.

Beim Pizzawirt, der Vollkornteig und Gemüse und Produkte aus der Region verarbeitete, hörte ich einen hessischen Dialekt heraus. Ich sprach ihn darauf an und tatsächlich: Er stammte aus Frankfurt und hatte Anfang der 80er

Jahre das Stadtleben satt. Er suchte und fand die zum Verkauf stehende Dorfgaststätte von Hochscheid. Seitdem betreibt er in dem 290-Einwohner-Dorf im Landkreis Bernkastel-Wittlich die Pizzeria. „Ich hab das nie bereut", meinte er.

Dann kam der Pfarrer, begrüßte diesen und jenen, natürlich auch den Wirt. Wir machten uns bekannt, aßen zusammen und ich freute mich auf ein Bett und etwas Zeit, um mein Tagebuch weiterzuführen. Der Pfarrer, vielleicht mein Alter oder etwas jünger, war wohl froh, Besuch zu haben. Er zeigte mir auf dem Rückweg ein Freiluftmuseum an der Hunsrückhöhenstraße, das Belginum, in dem die örtlichen Römer- und Keltenspuren dokumentiert wurden sowie noch eine mittelalterliche Burgruine.

Sein Pfarrhaus lag im Nachbarort in Kleinich. Ich konnte in einer abgeschlossenen Wohnung im Erdgeschoss übernachten; früher, vielleicht auch jetzt noch, trafen sich darin die Konfirmanden. Gegen 21:30 Uhr, meine Schlafenszeit, meinte der Pfarrer: „Ich dachte, wir könnten noch den Film von Hape Kerkeling, ‚Ich bin dann mal weg‘, ansehen, das passt doch." Ich hatte das Buch gelesen, kannte den Film jedoch nicht. Ich schwankte zwischen ‚Nein, danke, ich bin müde‘ und ‚Ja, den wollte ich immer schon mal sehen‘. Mehr aus Höflichkeit entschied ich mich für die zweite Option. Der Film war in früheren Gesprächen mit Pilgern immer mal wieder ein Thema gewesen; trotz meiner Müdigkeit war ich dann froh, die Gelegenheit beim Schopf gepackt zu haben und ihn mir anzuschauen. Ich fand ihn sogar besser als das Buch. Die Bilder und Szenen, der Fokus auf wenige Personen und deren Entwicklung, gefielen mir gut. Meistens bin ich von Verfilmungen von Büchern, vor allem, wenn ich sie schon gelesen habe, enttäuscht.

Am nächsten Morgen gab es zum Frühstück Hafer- und Gerstenbrei mit frischem und gedörrtem Obst, lecker und sehr gesund. Zum Abschied meinte der Pfarrer: „Haben Sie genug zu essen dabei? Hier gibt es nicht so viele Geschäfte."

Müsliriegel und gesalzene Nüsse hatte ich noch, aber Brot und Käse gingen zur Neige. Er nannte mir einen größeren Ort, an dem es möglicherweise einen Imbiss gab.

Abbildung 28: Die Weiten des Hunsrücks

Mit dem nächsten Ziel im GARMIN, das Landhaus Gräfendhron nach 29 km, lief ich, noch etwas müde, los. Der Weg führte durch eine urig-schöne Landschaft. Nicht spektakulär, keine Gipfel oder großen Seen, sondern Wiesen, Wälder, einige Fernblicke. Einfach nur erholsam. Ich war so dankbar, hier laufen zu dürfen.

Die Dhron, nach der mein heutiger Zielort benannt ist, mündet in die Mosel. Ich hatte also schon einen Großteil des Hunsrücks durchwandert.

Fünfte Engelin am Weg

Gegen Mittag kam ich nach Haag und freute mich auf einen Döner oder etwas Warmes vom Bäcker. Am Ortsanfang entsorgte eine Frau gerade ihr Altglas. Ich fragte sie nach „Essgeschäften" im Ort. Sie meinte: „Hier kommt Dienstagsmorgens der Bäckerwagen, sonst ist hier nix." Sie sah meine Enttäuschung und sagte: „Wenn Sie wollen, mach ich Ihnen eine Suppe warm." Ich war total überrascht und antwortete: „Normalerweise lehne ich das ab; ich will keine Umstände machen. Aber ich habe echt Hunger, also wenn es Ihnen wirklich nichts ausmacht..."

Zehn Minuten später saß ich auf ihrer Terrasse, eine Tasse Kaffee, ein Glas Wasser und eine warme Linsensuppe aus der Dose vor mir auf einem Teller. Es stellte sich heraus, dass sie den spanischen Pilgerweg nach Santiago de Compostela in drei Etappen gelaufen war. Sie holte ihr Fotobuch herbei; ich blätterte, sie kommentierte. Natürlich erzählte ich auch von meinem bisherigen Weg und der Auszeit. Nach kurzer Zeit kam es mir so vor, dass wir uns schon lange kennen würden. Nach einer guten Stunde verabschiedete ich mich von meiner „Linsensuppenengelin".

Bis zum Ziel nach Gräfendhron waren es noch etwa zwei Stunden, aber die sollten es in sich haben! Am Ortsende führte ein Feldweg in ein Waldstück. Dort sollte es lt. meinem GARMIN nach links auf einen kleinen Pfad gehen. Die Wegemarkierungen zeigten aber geradeaus. Da ich gerne mal eine örtliche Markierung übersehe, entschied ich mich, der GARMIN-Route zu folgen. Doch bald endete der Pfad an einer Dornenhecke. Links stand ein unwegsamer Hang an, rechts ging es steil bergab. Ich stand mitten im Wald und sollte lt. meinem Navi geradeaus gehen. Ich lief wieder zurück, vielleicht hatte ich den falschen Abzweig erwischt. Aber weitere Wege fand ich nicht. Also ging ich wieder zurück und lief quer durch den steil abfallenden Wald in die Richtung, die mir das Navi angab. Ich dachte: wenn ich mir hier den Fuß verknackse, findet mich keiner. Rechts von mir floss ein kleiner, steil eingeschnittener Bach. Ich erinnerte mich an eine Pfadfinder-Regel, immer flussabwärts zu laufen; irgendwann wird eine Siedlung kommen. Der Bach mündete in ein größeres Gewässer, vermutlich die

Dhron. Ich querte den Bach und lief weiter an der Dhron entlang; in der Nähe hörte ich auf einmal Autos auf einer Straße. Und dann führte mein Querfeldein-Weg auf einen ordentlichen Wanderweg und kurz darauf nach Gräfendhron – ich war sehr erleichtert.

Im Landhaus hatte ich bei der Anmeldung das Abendessen mitbestellt; darauf freute ich mich nun. Ich war offensichtlich der einzige Gast in diesem alten Vierseithof. Er war als Tagungs- und Herbergshaus hergerichtet und sah mit alten Sensen, Rechen und sonstigen Eisenwerkzeugen an den Wänden sehr urig aus. Die Gulaschsuppe schmeckte wunderbar; das ganze Ambiente und die freundlichen Wirtsleute steigerten mein Wohlgefühl nach dem letzten abenteuerlichen Wegstück.

Am nächsten Morgen lief ich um 6:30 Uhr gefrühstückt los. Es war der 13. Juni, eine Woche vor der Sommersonnenwende. Der Morgenhimmel war zart blau und klar, es würde ein warmer Spätfrühlingstag werden, doch jetzt war es noch frisch und der Tag lag vor mir und allen Menschen. Mir war der Luxus bewusst, aufzustehen und loszulaufen bis zum Abend – und am nächsten Morgen weiterzuwandern.

Der Weg war mit Jakobsmuschel-Zeichen gut markiert, außerdem winkte ein großes Ziel: heute Abend wollte ich in Trier sein. Noch 42 km! Diese Entfernung passte aber nicht zu meinem Vorsatz, den ich nach der Erfahrung in Fulda mit Überlastungsschmerzen im linken Fuß gefasst hatte, nämlich maximal 25 km am Tag zu laufen und es, wie mein „erster Engel am Weg" mir geraten hatte, etwas ruhiger anzugehen.

Die schöne, alte Römerstadt Trier bzw. Treveris kannte ich von einem Familienurlaub vor ca. zehn Jahren; außerdem gehörten wir zuhause in Wald-Erbach zum Bistum Trier –

gerade noch, der nächste Ort in Richtung Rhein war dem
Bistum Mainz zugeordnet.

Daneben gab es noch einen aktuellen Grund, warum ich
abends in Trier sein wollte: meine Mitpilgerin Beatrice, die
ich zwischen Fulda und Frankfurt kennengelernt hatte,
war vor mir auf der Strecke. Sie wollte ihre Pilgerreise in
Trier beenden und am nächsten Tag von dort zurück nach
Fulda fahren. Wir hatten vereinbart, uns zu einem letzten
Abend zu treffen und einige Weg- und Pilgererfahrungen
auszutauschen.

Als ich am späten Vormittag in einem Ort nach dem Weg
suchte, half mir ein Mann, der vor seinem Haus stand: „Das
ist eine tückische Stelle! Hier geht es links in den Wald.
Vorhin war auch schon jemand da, die genauso wie Sie gesucht hat.“ Ich fragte, ob es vielleicht eine junge Frau mit
rotem Rucksack gewesen sei. In der Tat, es war Beatrice,
die vor ca. 20 Minuten hier vorbeikam! Wir hatten uns vor
Frankfurt zuletzt gesehen und nun das! Ich freute mich.

Zuerst beschleunigte ich meine Schritte, ich wusste, dass
Beatrice mit flotten Sohlen läuft. Aber dann meldete sich,
wie schon einige Tage vorher, meine rechte Hüfte. Bei jedem Schritt spürte ich leichte Schmerzen. Da hörte ich auf
meinen Körper, lief mein Tempo und machte öfter Pausen.

Abbildung 29: Laufen und Rasten, kurz vor Trier

Ich muss mir mit fast 60 Jahren nichts mehr beweisen.
Wenn ich nicht gewusst hätte, dass Beatrice an diesem Tag

ihren letzten Abend in Trier hat und ich sie noch einmal treffen wollte, hätte ich mir ein Quartier 15 oder 20 km vor Trier gesucht. So aber hatte ich mich vor ein paar Tagen im hiesigen Kolpinghaus angemeldet.

In Fell, 13 km vor Trier stieg ich in einen Bus und fuhr entspannt und ohne schlechtes Gewissen ins Zentrum der alten Augustusstadt der Treverer. Ich lief zum Dom, setzte mich in eine Bank und bedankte mich bei unserem Schöpfer für die gute Ankunft und für rund 800 unfallfrei gelaufene Kilometer. Danach gab es Eis und Kaffee. Anschließend bezog ich mein Quartier im Kolpinghaus.

3.10 Trier

In Trier gibt es viel anzuschauen. Deshalb hängte ich an die zwei reservierten Übernachtungen noch eine dran, so dass ich zwei volle Ruhe- bzw. Besichtigungstage hatte. Am ersten Abend traf ich mich mit Beatrice am Hauptmarkt; sie hatte sich über Bekannte ein Zimmer in einer WG organisiert. Wir suchten uns ein Lokal mit Sitzplätzen im Freien. Hier tobte das Leben: selbst an einem gewöhnlichen Dienstag war hier viel los.

Im Gespräch mit Beatrice wurde mir wieder bewusst, in welch einer glücklichen Lage ich war: sie würde morgen nach vier Wochen Pilgern zurück nach Hause fahren; ich hatte nach fünf Wochen Unterwegssein noch sieben Wochen vor mir... Psychisch und mental war dies für mich unheimlich entlastend. Ich ahnte, dass Dankbarkeit heilende Kräfte im Innenleben entfalten kann...

Wir ließen einige gemeinsame Erlebnisse Revue passieren und sprachen unter anderem darüber, wie es ist, nach einer längeren Zeit wieder im Alltag anzukommen. Ich glaubte, Beatrice war etwas mulmig zumute. Immerhin hatte sie noch einige Tage frei, bevor sie wieder arbeiten musste.

Ich genoss es, nicht alleine, sondern in angenehmer Gesellschaft in einem Lokal zu sitzen und zu essen. Schon am nächsten Abend, und auch später in anderen Städten, kam ich mir etwas verloren und einsam vor, wenn ich abends durch die Stadt lief und einen geeigneten Ort zum Essen suchte. Obwohl ich mich schon Monate vor meinem Aufbruch zu dieser Reise darauf gefreut hatte, alleine unterwegs zu sein, meinen Gedanken nachzuhängen und meinen Kopf „auszulüften", fühlte ich mich in Städten, wenn an den Tischen Paare und Gruppen saßen, alleine nicht wohl. Auch bei den Themen ‚Geselligkeit' und ‚Mit-sich-allein-sein' sind wohl richtiges Maß und Abwechslung wichtig.

Wir verabschiedeten uns herzlich und wünschten uns alles Gute. Auch das ist eine Charakteristik beim Pilgern: intensive Bekanntschaften, die dann auch schnell vorbei sind – jeder geht seinen eigenen Weg, in seinem eigenen Alltag.

Bevor ich mich entspannt dem Tourismusprogramm – und meinem mittlerweile struppigen Bart– widmen konnte, wollte ich Klarheit haben, wie ich weiterlaufe. Ich hatte schon vorher überschlagen, dass ich auf dem direkten Weg nach Paris „zu früh" ankommen würde.

Von Trier führt eine alte Römerstraße über Luxemburg und Reims nach Paris (siehe Abbildung 30). Das waren ca. 400 km. Mit meinem bisherigen Wochendurchschnitt von 150 km wäre ich in rd. drei Wochen in Paris, hätte also meine Reise nach rd. neun Wochen beendet. Ich hatte aber insgesamt 13 Wochen Zeit bzw. 12 Wochen, da ich nicht auf den letzten Drücker zu Hause ankommen wollte und mit meiner Frau eine gute Eingewöhnungszeit verbringen wollte.

Deshalb plante ich einen Haken nach Süden, um im Saarland einen guten Bekannten aus Bundeswehrzeiten zu besuchen. Außerdem hatte ich schon immer Sympathien für das kleine und westlichste Bundesland; der Dialekt ist meinem rheinland-pfälzischen ganz ähnlich, und die Menschen stellte ich mir gemütlich vor. Von dort wollte ich weiter über Metz in Richtung Reims laufen. Meine Wander-App schlug mir von Metz aus den Weg über Luxemburg vor, so verläuft ein markierter Wander- bzw. Pilgerweg. Ich hatte aber nur Kartendaten von Frankreich dabei. Außerdem wollte ich nicht durch Luxemburg laufen; ich hatte das Vorurteil, dass ich in so einem reichen Steuerparadies schlecht Quartiere finden würde (falls ein Luxemburger Mensch dies je lesen sollte: Verzeihung! Es gibt sicher auch grenzenlos gastfreundliche Luxemburger).

Deshalb plante ich meine Route von Metz aus nach Norden so, dass ich auf französischem Gebiet blieb (die schwarze Linie in Abbildung 30). Dazu kam noch, dass ich für mein GARMIN keine Navigationsdaten von Luxemburg hatte.

Abbildung 30: Grobplanung Metz – Paris

Die beiden Ausruh- und Besichtigungstage in Trier vergingen schnell und kurzweilig: Porta Nigra, Kaiser- und Barbarathermen, Rheinisches Landesmuseum, Eine-Welt-Laden, Mittagsschlaf, Eisbecher essen…

Ein schönes Erlebnis möchte ich herausgreifen: ich wollte mir bei einem Friseur meinen struppig gewordenen Vollbart auf 3 mm schneiden lassen, eine Sache von fünf Minuten maximal. Die ersten beiden Salons schauten in ihre Kalender und meinten: „Vielleicht morgen oder nächste Woche." Im dritten Laden stand ein junger Libanese, der noch etwas Zeit bis zum nächsten Kunden hatte und meinte: „Nimm Platz". Wir einigten uns auf 5 Euro für das Stutzen meines Barts und kamen gleich gut ins Gespräch. Als ich ihm erzählte, dass ich zu Fuß nach Paris unterwegs sei, meinte er: „So kann ich dich nicht nach Frankreich lassen. Ich schneide dir auch die Haare. Das muss sein!" Am Ende wollte er kein Geld haben: „Du bist mein Gast!" Natürlich legte ich ihm einen ordentlichen Betrag auf den Tresen, und wir verabschiedeten uns wie alte Freunde.

Am Abend des zweiten Tages in Trier freute ich mich auf den Aufbruch am darauffolgenden Morgen und auf das Unterwegssein.

3.11 Von Trier nach Saarlouis

Mein heutiges Ziel heißt Saarburg, der letzte Ort in Rheinland-Pfalz. Telefonisch hatte ich mit dem Pfarrer vereinbart, dass ich auf der Empore in der Kirche übernachten dürfte. Ein schöner Ort, das würde die vierte Übernachtung in einer Kirche sein. Ich hatte mittlerweile keine Bedenken mehr, alleine in einer leeren Kirche zu schlafen. Übrigens: ist man überhaupt in einer leeren Kirche alleine? Ich glaube, das hängt vom Übernachtenden ab.

Die Kirche von Saarburg befindet sich auf einem Hügel über der Saar mit einem tollen Ausblick. Überhaupt liegt das Städtchen sehr malerisch an der ruhig dahinfließenden Saar, mit einem Bach und Wasserfall mit Mühlrad am

Marktplatz vorbei. Dort will ich mit meiner Frau einmal Urlaub machen und das Saarland und Lothringen erkunden.

Unterwegs sah ich einige schöne Brücken sowie manche Schleusen, Pegel und Hochwassermarken und saß eine Weile an der Mündung der Saar in die Mosel.

Im Saarland lebt, wie schon erwähnt, ein ehemaliger Bundeswehrkamerad, Christian aus Eppelborn. Er wollte morgen mit seiner Frau in Urlaub fahren, so dass es mit einem Besuch bei ihm nicht klappen würde. Aber er schlug vor, dass er heute Abend hierher nach Saarburg kommt und wir uns treffen. So war es dann. Nach rund 40 Jahren sahen wir uns wieder und fanden gleich einen Draht zueinander. Christian gehört zu den wenigen Menschen, mit dem ich sofort einen Vierseitenhof kaufen oder auf eine einsame Insel ziehen würde. Ich kann das nicht beschreiben, aber es gibt einige wenige Menschen in meinem Leben, da ist ein so großer Resonanzraum und so eine Vertrauensbasis da, um solche Dinge mit einem guten Gefühl zu wagen.

Christian hat Markscheidewesen studiert und ist mittlerweile Dozent an der saarländischen Feuerwehrschule. Er hat seine damalige Leidenschaft zum Beruf gemacht und wirkte … erfüllt, das trifft es, glaube ich, am besten. Nach ca. drei Stunden mit vielen ausgetauschten Erinnerungen, aus dem Langzeitgedächtnis hervorgezogenen Namen ehemaliger Kameraden und nach einigen Bieren verabschiedeten wir uns sehr herzlich.

Abbildung 31: In Saarburg

Am nächsten Morgen wusch ich mich in einem Toiletten-
raum neben der Kirche und frühstückte im nächsten Bä-
ckerladen. Dann ließ ich Saarburg und Rheinland-Pfalz hinter mir. Der nächste Ort lag schon im Saarland. Nach 20 km
durch Feld und Wald mit einigen Blicken auf die Saar kam
ich gegen 13:30 Uhr in Mettlach an. Dort konnte ich im Gemeindehaus neben der evangelischen Kirche übernachten.
Eine ältere Dame schloss mir auf und bot mir den geflies-
ten Fußboden als Lager sowie die gesamte Küche zur Be-
nutzung an. Trotz meiner 3,5 cm dicken Isomatte schien
mir das für die Nacht zu kalt und hart zu werden. Da es im
Gemeindehaus keine Matten oder Unterlagen gab, brachte
mir die gute Frau aus ihrem Haus zwei Wolldecken, bei uns
(im Hunsrück) auch „Kult" genannt.

Zum Erstaunen meiner sächsischen Frau, zur Belustigung
unserer Kinder und zu meiner Freude ist die „Kult" in unseren Familienwortschatz übergegangen. Das Wort
stammt übrigens vom lateinischen „culcita" (Pols-
ter, Bett, Kissen) ab und hieß im Altfranzösischen

„co(u)ltre". Dort bezeichnete es eine Decke, speziell eine Woll- oder Steppdecke, die zum Zudecken benutzt wurde. Um 1200 wanderte der Begriff als culter, gulter, kolter, golter ins Mittelhochdeutsche und wird heute noch in Rheinhessen und im Hunsrück als „Kult" verwendet.[1]

So viel Etymologie musste jetzt mal sein!

Noch zwei Tagesetappen, dann würde ich in Saarlouis sein, der heimlichen Hauptstadt des Saarlands, wie mir mehrere Saarländer sagten. Die Unterkunft vor der Ankunft in Saarlouis musste ich lange suchen. Schließlich fand ich in Bietzen im Mehrgenerationenhaus neben der Kirche einen Platz im Garten, blickgeschützt von der Straße, ohne streunende Hunde, aber unter freiem Himmel. Ich war den 42. Tag unterwegs und hatte bisher noch keinen einzigen Regentropfen abbekommen. Auch jetzt war der Himmel klar und ich suchte mir sorglos einen Platz im weichen Gras.

Da kam eine Dame an, und es stellte sich heraus, dass wir telefoniert hatten. Sie wollte mal nach dem Rechten sehen und zeigte mir einen Dorfbrunnen, an dem ich mich waschen und Trinkwasser holen konnte.

Abbildung 32: Freiluftlager in Bietzen

Neben dem Brunnen wohnte ein älteres Ehepaar, das gerade die üppige Blumenpracht vor ihrem Haus goss, als ich

---

[1] Nach: https://kult.ch/2009/11/02/die-fuenf-interessantesten-definitionen-von-kult/ und: https://de.wiktionary.org/wiki/Kolter

mich in der Abenddämmerung wusch. Der Mann meinte: „Es soll noch Regen kommen heute Nacht, der Wind steht so." Ich schaute zum Himmel und sah nichts Bedrohliches. Andererseits war ich auch nicht so dreist oder mutig zu fragen: „Kann ich bei Ihnen übernachten?" Ich dachte: Es wird schon gutgehen; bisher ist alles gutgegangen.

Dennoch überlegte ich mir, dass ich mich zur Not in den überdachten Raucherstand zurückziehen konnte. Dann legte ich mich in meinen Schlafsack, sah einige Sterne über mir und dämmerte weg. Kurze Zeit später hörte ich leises Donnergrollen, das immer lauter wurde und näherkam, Blitze zuckten auf, der Wind entwickelte sich von einem lauen Abendlüftchen zu munteren Böen und ordentlichem Gepuste, dann spürte ich die ersten Regentropfen in meinem Gesicht.

Nun aber raus aus dem Schlafsack! Ich schnappte meine Schuhe und den Schlafsack, hielt im letzten Moment die wegfliegende Isomatte fest und verzog mich unter das Dach der ca. 2 x 3 m großen Raucherecke. Dann holte ich noch meinen Rucksack und stellte ihn an eine wind- und einigermaßen regengeschützte Hausecke.

Es ist nun mal so, dass bei starkem Wind der mittlerweile kräftige Gewitterregen nicht senkrecht auf das Dach fällt, sondern mindestens im 45°-Winkel bzw. noch flacher seitlich hineinpustet. Meine Idee mit dem kleinen Raucherdach war da etwas naiv gewesen. Ich drückte mich an eine windgeschützte Hauswand und wartete. Nach etwa einer halben Stunde, gegen ein Uhr, ließ der Regen nach. Ein bisschen Schlafen für den Rest der Nacht wäre gut. Das nasse Gras war mir aber zu ungemütlich. In einem windgeschützten Torbogen war das Pflaster auf einer Fläche von etwa 2 m x 50 cm noch trocken. Das musste reichen. Ich rollte Isomatte und Schlafsack dort aus und fand bis zum frühen Morgen noch gefühlt eine Stunde Schlaf.

Nun hatte ich nach so vielen guten Unterkünften das erste Mal unter freiem Himmel übernachtet und war vom Regen überrascht worden. Tja, auch das kann passieren. Heute Abend würde ich in Saarlouis ein ordentliches Bett haben.

Um 5 Uhr stand ich auf. Es war der 18. Juni, drei Tage vor der Sommersonnenwende und daher schon hell. Ich wusch mich am Brunnen, aß etwas Müsli und lief noch vor 6 Uhr in Richtung Saarlouis. 18 km lagen vor mir, eine eher kurze Tagesetappe. So war ich schon kurz vor 12 Uhr mittags in Saarlouis. Über eine katholische Kirchengemeinde in den Tagen vorher hatte ich einen Hinweis auf die Petrus-Bruderschaft, eine Priestergemeinschaft, bekommen, die hätten Gästezimmer.

Als ich vor der angegebenen Adresse stand und mir beim ersten Klingeln niemand öffnete, hielt ein Auto an. Eine Frau fragte mich: „Sind Sie ein Pilger? Wenn Sie keine Unterkunft haben, können Sie bei uns übernachten." Das fand ich sehr nett! Aber ich hatte ja telefonisch mit einem der Patres gesprochen und mich für zwei Nächte hier einquartiert. So lehnte ich freundlich dankend ab.

Abbildung 33: Willkommen in Saarlouis

Nach dem zweiten Klingeln öffnete mir ein großer und auf den ersten Blick jung wirkender Pater in Küchenschürze. Er führte mich in die zweite Etage zu einem Gästezimmer mit eigenem Bad, Hotelstandard. Nach der letzten Nacht war das ein Geschenk des Himmels.

Der Pater war sehr freundlich und bot mir die Teilnahme am Mittagessen an, aber ich wollte duschen und mich erst einmal hinlegen. „Nach der Messe um 6:30 Uhr gibt es unten Frühstück, Sie sind natürlich unser Gast".

Um 18 Uhr fand täglich eine Abendandacht in der daneben liegenden Kirche statt. Ich setzte mich fünf Minuten vorher in die Bank und bekam dann mit, wohin ich hier geraten war. Das Gesangbuch war von 1957, also noch vor dem 2. Vatikanischen Konzil (eine Versammlung aller katholischen Kirchenoberen von 1962 bis 1965; darin wurden viele Neuerungen beschlossen, z. B. dass die Wandlung, überhaupt der ganze Gottesdienstablauf, auf Deutsch und nicht mehr auf Latein stattfindet, und dass der Priester mit dem Gesicht zum Volk zelebriert und betet).

Die Andacht wurde komplett in Latein gehalten, die Anwesenden antworteten auch auf Latein! Der Ablauf war mir nicht ganz fremd; ich war ja schließlich bis vor 13 Jahren katholisch und hatte in der Schule vier Jahre Latein gehabt. Aber in so einer quirligen, lebendigen Stadt in eine Kirche zu gehen und den Ritus von vor 60 Jahren zu erleben, war schon befremdlich.

Am nächsten Tag erneuerte der Gastpater die Einladung zum Mittagessen, und ich nahm an. Dabei sprach ich ihn auf den vorkonziliaren Ritus an und ob dies heute noch zeitgemäß sei. Er meinte, dass sie Zulauf hätten, sonntags sei die Kirche voll, auch junge Familien seien dabei. „Die Leute suchen das Ursprüngliche".

Insgesamt empfand ich das sehr authentisch, auch wenn diese Spiritualität (das ganze Haus war zum Beispiel voller Heiligenfiguren) nicht meine ist. Aber wer bin ich, dass ich darüber urteilen könnte? Ich habe große Gastfreundschaft und zufriedene Menschen dort erlebt.

Saarlouis hat mir übrigens sehr gefallen. Auch wenn die Stadt am anderen Ende unseres Landes liegt, kann ich mir vorstellen, dort einmal Urlaub zu machen. Der französische Einfluss war sehr deutlich: Croissants zum Frühstück, Rotwein beim Mittagessen, Autos mit französischen Kennzeichen.

Ich fing an, mir einen kleinen Spickzettel mit wichtigen Redewendungen aufzuschreiben (wie schon in Kapitel 2.4 Quartiere erwähnt, spreche ich außer „Bon jour" und „Merci" kein Französisch):

- Kann ich etwas Trinkwasser bekommen?
- Gibt es hier ein Café?
- Ich bin ein Pilger.
- Ich suche einen Ort zum Übernachten.
- Ich habe einen Schlafsack dabei.
- Ich bin ein Deutscher.

Einige Saarländer hatten mir gesagt, dass man sich bis Metz, im ehemaligen Lothringen, auf Deutsch verständigen könne bzw. dass man jemanden finde, der/die deutsch spricht. Dennoch war mir klar, dass ich mir die nächste Übernachtung nicht wie in den sechs Wochen vorher telefonisch organisieren konnte.

Ich erinnerte mich daran, was eins unserer Kinder, das vor neun Jahren nach dem Abitur mit einem Freund von Meißen nach Santiago de Compostela und damit auch durch Frankreich gelaufen ist, mir vor meiner Abreise gesagt hatte: „Die Franzosen sind sehr gastfreundlich. Wir sind bis 3 Uhr nachmittags gelaufen und haben dann Leute gefragt, ob wir bei ihnen übernachten können. Das hat immer geklappt. Und wenn uns jemand nicht aufnahm, dann nur, weil er gerade nichts zu essen für uns im Haus hatte."

Außerdem gebe es in Frankreich ein Gesetz, dass jede Gemeindeverwaltung, die Mairie, einen Durchreisenden für eine Nacht beherbergen muss.

Trotz dieses erfreulichen Vorbilds bin ich doch mit einer gewissen Grundanspannung von Saarlouis losgelaufen. Mal sehen, wo ich heute Abend übernachten würde... Ich schickte ein Gebet zum Himmel und lief mit Gottvertrauen los. Da wusste ich noch nichts von meinem nächsten Engel bzw. der Engelin am Wegesrand...

4 Unterwegs in Frankreich

4.1 Prélude

 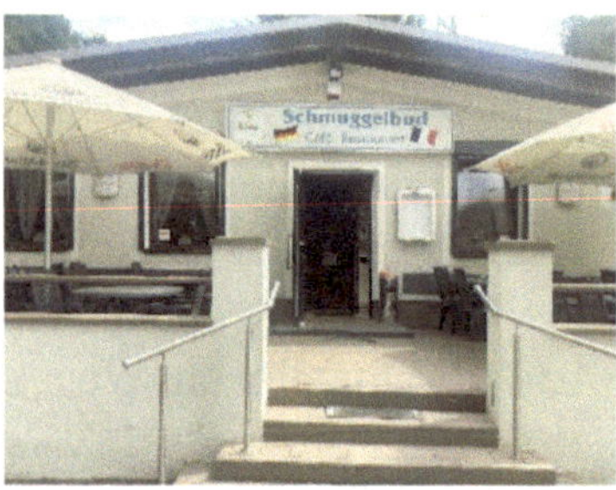

Abbildung 34: Zwischen Deutschland und Frankreich

Ja, so sah mein „Grenzübertritt" aus. Kurz vor der Grenze endete der Kartenbereich meines Navigationsgeräts. Ich hatte mir einen Chip mit der topografischen Karte Frankreichs zu meinem Bruder in den Hunsrück schicken lassen und den Chipwechsel vorher ausprobiert. Aber das Gerät merkte, dass ich noch nicht in Frankreich war und zeigte nichts an. Als ich aber jetzt den französischen Chip einlegte, wurden mir wieder, wie gewohnt, alle Feld-, Wald-, Wiesen- und auch Asphaltwege mit Straßennamen angezeigt. Ich war erleichtert, die erste Hürde war genommen.

Bisher hatte ich noch nie in Frankreich Urlaub gemacht – wegen der Sprachbarriere. Einige Freunde von uns hatten zwar begeistert erzählt, was dies für ein landschaftlich schönes und vielseitiges Land und wie gut das Essen und wie freundlich die Menschen dort wären. Aber bis auf einen Aufenthalt als Student in Taizé, Zentrum einer ökumenischen Jugendbewegung in Burgund, war dies meine erste Reise zu unseren Nachbarn im Westen.

Mit einer Mischung aus Neugier (‚Mal gespannt, wie Land und Leute sind') und Anspannung (‚Ob ich mich verständlich machen kann und zurechtkomme?') ging ich los.

4.2 Von Saarlouis nach Metz

Der erste Ort in Frankreich hieß Creutzwald, das klang
noch vertraut. Ich lernte, dass ich hier in der Region Grand
Est und im Département Moselle war, früher Lothringen[1].
Nach meinem groben Streckenplan wollte ich hier in
Creutzwald übernachten.

Abbildung 35: Etappe Saarlouis – Metz

---

[1] Nach dem Deutsch-Französischen Krieg 1871 wurden Teile
Lothringens, ebenso wie das Elsass, dem neu gegründeten Deutschen Reich angegliedert. Im ersten Weltkrieg 1914 – 1918 war
Lothringen eines der Hauptkampfgebiete (1916: Schlacht bei
Verdun). Nach der deutschen Niederlage 1918 wurde Lothringen
wieder komplett Französisch. Im Juni 1940 besetzten Truppen
der Wehrmacht Lothringen; die Region kam bis zur Übernahme
durch die Alliierten im Dezember 1944 unter deutsche Verwal-
tung. Seitdem ist Lothringen wieder Französisch. *(Eigene Zusammenfassung aus: Wikipedia)*

Es war etwa 13 Uhr, viele Geschäfte hatten geschlossen. An einem kleinen Lebensmittel-Selbstbedienungsladen suchte

ich erst nach Käse und Vollkornbrot, bekam aber nicht das, was ich mir unter „Vollkorn" vorstelle. Plötzlich kam mir der Gedanke: ‚Mensch, du bist in Frankreich; hier isst man Baguette!‘ So entstand dann das folgende Foto, das vermutlich viele Rucksackreisende in Frankreich so ähnlich kennen:

Abbildung 36: Erstes Baguette

In der Nähe gab es ein Restaurant, Tische auf dem Gehweg, einige Tagesgerichte, Rotwein zum Essen. Dort trank ich den ersten von vielen cafés au lait und probierte mich in ‚Bonjour‘, ‚Merci beaucop‘ und ‚Au revoir‘ aus.

Abbildung 37: Erster café au lait

Als ich später drei junge Leute nach einer Übernachtungsmöglichkeit in der Nähe fragte, erst auf Deutsch, dann auf Englisch, erntete ich erstaunte Blicke. Nur einer von ihnen konnte einige Worte Englisch und machte mir klar, dass es hier kein Hostel oder sonst etwas gebe.

Da ich so früh am Nachmittag noch nicht ans Schlafen denken wollte, lief ich kurzentschlossen zum nächsten Ort, nach Diesen. Das ist ein Dorf von ca. 1.000 Einwohnern mit einer Poststelle, wenigen Geschäften, einer Kirche und natürlich, so wie selbst das kleinste Nest in Frankreich, mit einer Mairie, der Gemeindeverwaltung. Nachdem ich bei drei Leuten eine Absage auf meinen Spruch bekam: „Ich bin ein Pilger. Ich suche eine einfache Unterkunft. Ich habe einen Schlafsack", natürlich in holprigem „allemandigem" Französisch, steuerte ich hoffnungsvoll die Mairie an. Aber die hatte geschlossen und nur an zwei Tagen der Woche geöffnet. Das sollte ich noch öfter feststellen.

Ich lief also weiter, um im nächsten Ort mein Glück zu versuchen. Am Ortsausgang von Diesen sah ich eine Frau, die gerade in ihr Auto stieg. Aber ich sah nicht ihre Flügel, denn sie war eine Engelin:

Erste Engelin in Frankreich

Als ich die Frau am Auto mit meinem holprigen französischen Spruch wegen einer Übernachtungsmöglichkeit ansprach, antwortete sie auf Deutsch: „Ich muss jetzt meine Tochter wegfahren. Warten Sie eine halbe Stunde, ich helfe Ihnen dann, etwas zu finden."

Ich setzte mich auf eine Wiese und suchte Schatten unter einem armseligen Busch – es war der Nachmittag des 21. Juni und ca. 30° warm – und wartete.

Warten mag ich in meinem Alltag überhaupt nicht. Ich versuche, meine Zeit gut zu nutzen, und manchmal übertreibe ich es sicher auch damit! In dieser Situation, auf der Suche nach einem Schlafplatz, konnte ich mich auf das Warten gut einlassen.

Die Frau, Michèle, kam wieder und meinte: „Wir fahren zu meinem Schwiegervater. Der verwaltet hier im Ort das Pfadfinderheim, da können Sie sicher übernachten." Wir

fuhren in die Ortsmitte zurück zu einem Haus, Michèle
klingelte und wurde von ihrer Schwiegermutter herzlich
empfangen. Die saß mit einer anderen Frau, ihrer Schwägerin, wie ich später erfuhr, bei Kaffee und Kuchen in einem Wohnzimmer, Stil der 1960er Jahre. Großer Wort-
schwall der drei Frauen, ich stand daneben, verstand
nichts und versuchte, einen guten Eindruck zu machen.
Erst mal wurde ich zu Kaffee und Kuchen eingeladen, was
ich gerne annahm. Die Frauen verstanden alle deutsch und
sprachen in einem interessanten Dialekt, lothringisch
eben. Den kannte ich bisher nicht; er ist dem saarländischen ähnlich.

Die Frauen wollten natürlich wissen, was mich mit Rucksack hierherführte, und ich erzählte mein „Woher – Wohin". Als ich dann Fotos unserer Kinder und vor allem unseres 15 Monate alten Enkels zeigte, waren sie ganz begeistert, und ich dachte: ‚Das wird was mit einer Übernachtung.'

Kurz darauf kam der Schwiegervater. Wieder ein großes
Palaver auf Französisch. Er schaute mich an, dann meinte
er auf Deutsch: „Komm mit." Er führte mich in ein Zimmer
nebenan, dort stand ein großes altes Ehebett und ein riesi-
ger Kleiderschrank. „Hier kannst du schlafen." Ich war
platt; ich hatte erwartet, dass er mich in einen Pfadfinder-
raum oder eine Turnhalle führt, wo ich meinen Schlafsack
ausrollen kann. Er sah meine Verblüffung und meinte:
„Oder ist dir das zu klein?"

Das Zimmer gehörte der verstorbenen Oma; die Schwie-
gereltern von Michèle, sie hießen Franz und Martina, lebten, nachdem ihre Kinder ausgezogen waren, alleine in ihrem Haus und hatten Platz. Und sie nahmen mich wie einen Sohn auf!

„Hier ist das Bad, hier ist ein Handtuch. In einer Stunde essen wir. Ich grille gleich. Isst du Fleisch?"

So hatten die drei Frauen sich das schon gedacht, bevor Franz angekommen war. Aber als „Herr im Haus" durften sie ihn nicht übergehen, und er musste mich einladen.

Zum Abendessen brachte Michèle ihren Mann Sylvain mit; auch die Schwägerin kam wieder und wir aßen auf der Terrasse in einer wunderbaren Runde.

Welch ein erstes Quartier in Frankreich! Und es folgte noch mehr!

Abbildung 38: Erstes Quartier in Frankreich

An jenem Abend, dem 21. Juni, wird in Frankreich die Fête de la Musique gefeiert. Sie geht auf einen französischen Kulturminister zurück, der meinte, dass die Franzosen zu wenig singen und musizieren würden. In größeren Städten treten abends Musiker und Bands auf und spielen kostenlos. Manche bekommen auch von Gastwirten einen Obolus, die damit viele durstige Kunden vor ihr Geschäft locken.

Michèle und ihr Mann Sylvain wollten nach dem Essen in den nächsten größeren Ort fahren, nach St. Avold, sich umschauen und eine ihrer Töchter abholen. Ob ich mitwollte. Natürlich wollte ich. So kam ich in den Genuss von französischer Straßenmusik und prallem Kulturleben bei abends 26°. Kurz vor Mitternacht lag ich dann im großen Bett der

verstorbenen Oma. WAS FÜR EIN ERSTER TAG IN FRANK-
REICH!

Am nächsten Morgen gab es ein fürstliches Frühstück mit
Croissants, Brötchen, Käse und Schinken. Natürlich durfte,
nein, musste ich mir Reiseverpflegung mitnehmen. Wir haben uns, nach weniger als 24 Stunden, ganz herzlich, ja fa-
miliär verabschiedet.

Mein nächstes Ziel hieß Narbonnefontaine, ein kleiner Ort
mit Kirche, Bushaltestelle und Mairie. Die hatte geschlossen, Mittagspause. Das Gebäude war aber offen, und ich
entdeckte im Obergeschoss einen großen Versammlungsraum. Da würden locker 20 Pilger mit ihren Matten und
Schlafsäcken hereinpassen. Ich war zuversichtlich und beschloss, an der Bushaltestelle das Ende der Mittagspause
abzuwarten, um dann freundlich meine einzigen französischen Sätze aufzusagen: „Je suis un pèlerin. Je recherche un
logement modeste pour une nuit. J'ai un sac de couchage.“[1]

Als eine Frau ihr Kind zum Bus brachte, sprach ich sie an,
ob sie hier im Ort eine Übernachtungsmöglichkeit wisse
(„ansprechen“ ist übertrieben; ich habe mich irgendwie
verständlich gemacht mit meinen Französisch-Brocken,
Englisch, Spanisch-Grundwortschatz und Gesten – diese
Mischung hat sich die ganze Zeit sehr bewährt).

Sie war so freundlich, den Bürgermeister zu Hause anzuru-
fen und zu fragen. „Pas possible.“ Es gebe keine sanitären
Einrichtungen, in der Mairie könne niemand übernachten.
Da war ich anderer Meinung; zum Pullern wäre ich raus
auf die Wiese gegangen.

Nun, dann eben nicht. Es war erst ca. 14 Uhr, und so lief ich
in nachmittäglicher Schwüle weiter zum nächsten Ort. Der

---

[1] Ich bin ein Pilger. Ich suche eine einfache Unterkunft für eine
Nacht. Ich habe einen Schlafsack.

war eher eine Ansammlung von Rinderställen mit einigen Häusern dazwischen, kaum Leute auf der Straße. Ich lernte, dass der frühe Nachmittag eine schlechte Zeit zum Fragen nach einer Unterkunft ist, weil die Berufstätigen noch nicht zu Hause sind. Und eine Frau alleine zu Hause entscheidet nicht ohne ihren Mann, so einen Fremden für eine Nacht aufzunehmen. Verständlich.

Einen Mann fand ich doch zum Ansprechen, er lebte in einem hübsch aussehenden Tiny-Haus (lt. Duden: Tiny House): „Leider kann ich Sie nicht aufnehmen, wir wohnen hier drin zu viert." Als ich in einem Bushäuschen saß und überlegte, ob ich die heranziehenden dunklen Wolken abwarte oder riskiere, weiterzulaufen in der Hoffnung, dass es nicht regnen würde, kam der Tiny-Mann an und brachte mir eine Büchse Limo. Das fand ich ganz lieb; es war eine willkommene Abwechslung zu meinem Leitungswasser, zumal in der momentanen Schwüle.

Ich entschied mich, zum nächsten Ort weiterzulaufen, Varize-Vaudoncourt. Nach ca. 1½ Stunden mit starkem Gegenwind, in der ich mir fast pausenlos meinen Hut mit einer Hand auf den Kopf drückte, kam ich immerhin trocken an. Der Handy-Kartenausschnitt des Orts zeigte mir eine Pension an, die ich frohgemut ansteuerte. Aber das war wohl eine alte Information, dort befand sich ein Büro bzw. Sekretariat. Also lief ich durch den Ort und hoffte, jemanden zu finden, den ich wegen eines Übernachtungsplatzes fragen konnte.

Es war gegen 16:30 Uhr; ich war, einschl. Pausen 9 Stunden unterwegs und wollte nach 30 km nicht weiterlaufen. Ich dachte, etwas naiv: ‚Ich frag hier so lange, bis ich etwas finde.' Tatsächlich entdeckte ich ein Haus, in dem offensichtlich Leute übernachten konnten. An der Tür war eine Vorrichtung zum Eingeben eines Zahlencodes und es gab eine Telefonnummer. Da meldete sich aber niemand. Als ich eine Passantin ansprach, wie man in das Haus hinein-

komme, antwortete sie etwas, aus dem ich „reservieren“
und „Eigentümer wohnt wo anders“ interpretierte.

Auf der anderen Straßenseite arbeitete ein junger Mann an
seiner Grundstücksmauer, im Hintergrund ein vielleicht
sechsjähriger Junge und ein vierjähriges Mädchen. Er
sprach etwas Englisch. Ich fragte ihn nach Übernachtungs-
möglichkeiten im Ort, wir kamen ins Gespräch. Dann ging
er ins Haus, „um mal zu fragen“. Ich war zuversichtlich, bei
dieser jungen Familie unterzukommen. Doch seine Frau
war wohl anderer Meinung als er – so verabschiedeten wir
uns.

Auf dem Nachbargrundstück sah ich zwei Männer auf dem
Hof mit einem Radlader herumrangieren und -räumen. Sie
unterbrachen kurz ihre Arbeit und fanden einen Mann mit
Rucksack, Hut und Stock wohl interessant. Nachdem ich
ihnen etwas von meiner Auszeit und meiner Wanderung
erzählt hatte, meinten sie (einer sprach Englisch, einer etwas Deutsch): „Wir räumen hier das Haus meiner Eltern
aus und bereiten es zum Verkauf vor. Es ist leer, du kannst
darin übernachten.“ Das nahm ich dankbar an, auch wenn
eine Nacht in einem leeren Haus etwas an Märchen und
Horrorfilm erinnerte. Mit dem Gedanken: ‚Es weiß ja niemand, dass ich da drin bin‘ tröstete ich mich. Im Obergeschoss gab es sogar eine Matratze, allerdings sehr versifft…
Ich schaute nicht so genau hin und fand es besser, als auf
dem nackten Boden mit meiner 3,5 cm dicken Isomatte zu
schlafen. In der Dusche funktionierte noch das Wasser, sogar das warme – perfekt nach einem langen, schwülen Tag.

Ich fragte meine Gastgeber – Stephane, dessen Eltern das
Haus gehört hatte und Christian, sein Schwager, – ob es im
Ort ein Restaurant gebe. Sie meinten: „Nein, aber du kannst
bei uns essen. Wir holen dich um 20 Uhr ab.“ Ich war platt.

Stephane, Landwirt, hatte ca. fünf Grundstücke weiter neu
gebaut. Von außen wirkte das Haus unscheinbar, aber in-

nen sah ich, dass er seine Landwirtschaft wohl mit Gewinn betrieb: Ein Eingangsbereich, der sich über zwei Etagen erstreckte, in der Küche eine Insel, moderne Küchengeräte, Holzmöbel, die nicht von Ikea oder einem Billigladen stammten. Christian stand mit Kochschürze in der Küche, Stephane fragte mich: „Trinkst du Champagner?" Ich war wieder platt und meinte: „Ja, schon. Wir trinken Champagner selten, höchstens zu einer Hochzeit oder bei der Geburt eines Kindes." Christian rief aus der Küche: „Ach, wir öfter. Er produziert ihn selbst!" Und tatsächlich, Stephane öffnete eine Flasche ohne Etikett, und wir stießen an einem gewöhnlichen Donnerstag auf das Leben, die Gesundheit, meinen Weg, gute Erträge und auf die Frauen an.

Abbildung 39: Christian (Schürze); Stephane (Mütze)

Es war ein sehr kommunikativer Abend, mit französischen, englischen und deutschen Satzanteilen. Stephane erzählte von seiner Landwirtschaft, Kühe, Felder und in der Champagne Weinberge, Christian war etwas ruhiger, dafür lagen wir politisch/ökologisch mehr auf einer Wellenlänge. Meine Impulse zu ökologischem Landbau, weniger Düngemittel usw. parierte Stephane mit eher konservativen Meinungen. Zum Essen gab es übrigens gedünstetes Gemüse und Kartoffeln, was nichts Besonderes war. Aber aus dem leergeräumten Haus kommend fand ich das Ambiente eines gedeckten Tischs mit Champagner als Aperitif sehr ansprechend.

Nach dem Essen und dem Nachtisch (keine Mahlzeit ohne Nachtisch in Frankreich!), ich glaube, es war Käse, meinte Stephane: „Ich muss noch nach meinen Rindern im Stall sehen, willst du mitkommen?" Natürlich wollte ich. Vorher hatte er mir von seinem neuen Rinderstall erzählt: Mehrere hundert Rinder „leben" in einem Stall mit vollautomatischer Fütterung und Melkanlage; die Kühe gehen nach ca. 12 Stunden automatisch in die Melkboxen. Der Ertrag jeder Zitze am Euter wird aufgezeichnet, die betreffende Kuh über einen Chip im Ohr sowieso. Es ist eine Milchproduktionsanlage, die automatisch läuft. Dennoch geht Stephane täglich schauen, ob alles in Ordnung ist. Manchmal wollen Kühe nicht in die Melkboxen gehen, dann schiebt er sie hinein.

Mit romantischem Bauernhof hat das nichts zu tun, aber Stephane präsentierte mir stolz wie ein Junge seine Feuerwehrautos einige Displayanzeigen und -auswertungen.

Als ich dann kurz vor Mitternacht in das leere und unverschlossene Haus ging, war mir leicht gruselig zu Mute; ich machte überall Licht, ob niemand da war, dann schlief ich aber müde und schnell ein.

Am nächsten Morgen war ich schon um 6:10 Uhr auf der Straße, ohne Frühstück. Die beiden nächsten Abende würde ich in Metz übernachten, ich hatte mir über Airbnb eine Unterkunft in der Nähe des Stadtzentrums organisiert. Mein Gastgeber Fred meinte, ich sollte bis 13:30 Uhr da sein; das war zu schaffen.

Der Weg verlief die ganze Zeit auf Asphaltstraßen, das war nicht so schön, aber die Aussicht auf einen Ausruhtag in einer Stadt mit Kathedrale ließ mich motiviert laufen.

Gegen Mittag kam ich in Metz an und fand ein nettes Restaurant, in dem ich das Tagesgericht, die plat du jour, aß. Danach steuerte ich mein Quartier bei Fred an. Das war ein Zimmer in seiner Dreiraumwohnung. Fred war ein aufgeschlossener, ca. 30-jähriger Mann, Ingenieur oder Programmierer, das habe ich vergessen.

Abbildung 40: Die Kathedrale von Metz

Ich wusch ein paar verschwitzte Klamotten im Waschbecken (ich hätte sicher auch die Waschmaschine benutzen dürfen), machte ein Mittagsschläfchen und ging dann los in die Stadt. Außer dem obligatorischen Besuch der Kathedrale – das meine ich jetzt nicht im üblichen Wortsinn von „verbindlich, vorgeschrieben"; nein, es ist mir ein Bedürfnis, in einer Stadt die Hauptkirche anzuschauen und einige Momente dort still zu sitzen und für meine gesunden Füße und die Gelegenheit der Wanderung zu danken und an liebe Menschen zu denken –, also außer der Kathedrale wollte ich auch zu „Viviens Pub": dort kellnerte die Tochter von Michèle und Sylvain; bei deren Eltern hatte ich vorgestern übernachtet.

Sowohl die Kathedrale als auch der Pub bzw. die Innenstadt von Metz (übrigens im Französischen „Mees" gesprochen, das s so ähnlich wie in „Apfelmus") waren Höhepunkte meiner Wanderung: die Innenstadt wirkte so lebendig, viele junge Leute, Kneipen, Life-Musik auf einem Platz: Neun Jazzer, dann kam eine Frau aus dem Publikum auf die Bühne und sang ein Lied zu ihrer Begleitung, toll! Gut, ich war Freitag und Samstag dort, aber dennoch: so eine Lebendigkeit und Fröhlichkeit, das gefiel mir sehr gut.

Abbildung 41: In Metz

Am zweiten Tag in Metz schaute ich mir noch mal die Kathedrale an, lief durch Parks, zur Porte des Allemands und zum Bahnhof mit seinem großen, beeindruckenden Hauptgebäude. Natürlich gab es auch Pausen für Kaffee, Eis und Bier.

In der Wohnung von Fred, die für zwei Nächte wunderbar war, mit Küchenbenutzung, WLAN-Passwort usw., plante ich die nächsten Tagestouren nach Reims, mit rd. 290 km eine sehr lange Etappe. Ich kam auf 13 Übernachtungen bei ca. 25 km am Tag.

Am Sonntag wollte ich aufbrechen und weiterlaufen. Da passte es gut, um 8 Uhr eine Messe in der Kathedrale zu besuchen und mit dem Segen loszugehen. Von den Lesungen und Gebeten habe ich nichts verstanden, aber mit meinen christlichen Wurzeln das Vaterunser identifiziert und leise auf Deutsch mitgebetet. Beeindruckt hat mich, dass zum Gemeindegesang eine Kantorin vorne stand und mit großen Armbewegungen die Besucher zum Mitsingen animierte bzw. den Takt und die Tonhöhen angab. Für einen musikalisch nicht so begabten Menschen wie mich war das sehr hilfreich.

4.3 Von Metz nach Reims

Meine Tourenplanung nach Reims wich vom Vorschlag der Wander-App ab. Die Gründe habe ich weiter oben schon erläutert, im Text oberhalb von Abbildung 30 auf Seite 84.

So führte mein Weg nach Norden an die französisch-luxemburgische Grenze und dort entlang nach Westen.

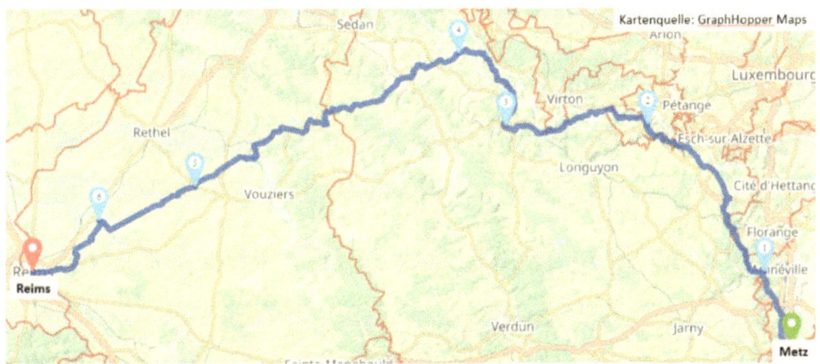

Abbildung 42: Route von Metz nach Reims

Der Weg aus großen Städten heraus ist meist nicht romantisch. Gegen 10 Uhr lag ein Café am Straßenrand, das kam mir gerade recht. Mit aufgefülltem Koffein-Depot lief ich weiter und – welche Freude – mein Weg bog in den Wald ab. Kurz nach Mittag erreichte ich mein geplantes Tagesziel, Malancourt. Das war aber ein Schlafort für Menschen, die in Metz arbeiten. Ich sah kaum Menschen auf der Straße, die ich wegen einer Unterkunft ansprechen konnte. Außerdem war es Sonntagnachmittag und heiß, über 30°– wer ist da außer solchen wie mir schon draußen? Nach einer Pause auf den Stufen einer Bäckerei, die lt. Aushang für immer geschlossen bliebe, lief ich zum nächsten Ort, nach Rombas. Mein GARMIN führte mich 6 km über Waldwege, was an sich schon schön und bei dieser großen Nachmittagshitze natürlich sehr angenehm war.

Als sich der Wald lichtete und ich an menschlichen Stimmen hörte, dass ich den Ort bald erreicht hätte, sah ich einen Teich mit Kiosk und Wiese, darauf Familien mit kleinen Kindern, die am und im Wasser quietschten. Der Kiosk verkaufte auch Bier...

Ein größeres Bedürfnis, als jetzt in den Teich zu springen und zu baden, war mir zu wissen, wo ich am Abend übernachten könnte. Nach 27 gelaufenen Kilometern wollte ich in Rombas etwas finden; bei einem der ca. 10.000 Einwohner wäre doch sicher etwas möglich. An dem Kiosk hatte ich in einer Ecke große Bänke gesehen und mir das als Notquartier abgespeichert.

Zuerst fragte ich nach Herbergen, Pensionen, bekam aber nur Schulterzucken oder Kopfschütteln zur Antwort. Dann steuerte ich die Kirche an. Sie liegt auf einem Berg und bietet eine schöne Aussicht auf die Stadt. Ich klingelte am Pfarrhaus, das sich direkt neben der Kirche befand und bewohnt aussah. Leider öffnete niemand. Vielleicht war der Pfarrer ja zum Sonntagsausflug unterwegs, dachte ich und setzte mich für eine halbe Stunde in die glücklicherweise geöffnete Kirche. Bei diesen Außentemperaturen war das sehr angenehm.

Dann klingelte ich wieder am Pfarrhaus, erfolglos.

Neben der Kirche lag der Friedhof. Als dort ein Mann herauskam, sprach ich ihn an – ich meine, ich rief meine drei auswendig gelernten Sätze (Pilger, einfaches Quartier, habe Schlafsack) ab: Er kannte hier keine Unterkunft.

Dann würden es wohl in der Nacht zwei zusammengeschobene Tische mit Isomatte und Schlafsack werden, dachte ich und lief durch die Stadt zurück in Richtung Kiosk.

Unterwegs sah ich noch ein Restaurant und wollte dort fragen – heute geschlossen. Nun, man hat nicht immer Glück.

Also weiter zum Kiosk. Am Straßenrand hielt gerade ein Auto. Ein Ehepaar mit zwei kleinen Kindern stieg aus, sie kamen offensichtlich vom Sonntagsausflug. Auch hier mein Spruch. Die Eltern schauten sich an, Kopfschütteln, dann sagte der Mann: „Willst du ein Bier? Komm rein." Nun, Trinken ist wichtig bei der Wärme, aber ich zögerte etwas. Eine Unterkunft war mir jetzt wichtiger. Aber tunesische Gastfreundschaft ist hartnäckig, kurz darauf saß ich bei ihnen in einer Art Wintergarten und hatte ein Bier vor mir. Ich stieß mit Itam an und erzählte von meiner Wanderung und meiner Familie; er stellte mir seine vor: seine Frau Elise, Französin und die Organisatorin und Macherin in der Familie, er der Charmeur und nach außen gewandte kommunikative Part, die beiden Kinder Yalid und Salomé, ca. sechs und vier Jahre alt.

Spätestens, als ich Bilder von meiner Familie und unserem 15 Monate alten Enkelkind zeigte, war auch Elise klar, dass ich kein böser, gefährlicher Mensch bin. Nach kurzem Dialog zwischen den beiden sagte Itam (wir unterhielten uns auf Englisch): „Du kannst bei uns im Wohnzimmer schlafen". Das nahm ich dankend und innerlich staunend über diese spontane Gastfreundschaft an; ich hatte mich schon auf den Tischen am Kiosk liegen gesehen.

Die Kinder wurden zutraulich und zeigten mir ihre Zimmer im Obergeschoss. Dann gab es Abendessen. Ich erfuhr, dass die Familie in Kürze für drei Jahre nach Marokko ausreisen und Elise dort (die Stadt habe ich vergessen) eine französische Schule leiten würde. Itam wollte sich um die Kinder kümmern und plante, etwas im Tourismusbereich zu unternehmen.

Als es für die Kinder Zeit wurde, ins Bett zu gehen, klappte Elise das Wohnzimmersofa aus und bezog es mit Bettzeug.

Als ich später darauf lag, erfüllte mich ein Gefühl großer Dankbarkeit:

- für das heutige Laufen im Schatten eines Waldes bei 31° Außentemperatur,
- für das erfrischende Murmeln eines Bachs im Tal,
- dass ich seit 49 Tagen jeden Abend eine gute und sichere Unterkunft gefunden hatte,
- dass ich unverletzt und körperlich wohlauf war und
- für die Kontakte nach Hause, zu Familie, Freunden und Kollegen.

Ich fühlte mich so reich und beschenkt mit Dingen und Zuständen, die man für alles Geld der Welt nicht kaufen kann. Selten in meinem Leben bin ich so zufrieden und dankbar eingeschlafen.

Nach einem Frühstück mit Itam (Kaffee und Kekse) lief ich los in den frischen Morgen. Heute würde ich den Kilometer 1.000 überschreiten. An sich ist das nur eine Zahl, aber ich fand sie doch so denkwürdig, dass ich das „Ereignis" in unserem Familienchat und mit einigen Arbeitskollegen teilte. Die Rückmeldungen waren sehr motivierend!

Der Weg an diesem Tag war, wie bisher schon und wie auch oft in meinem Leben, teilweise erfrischend interessant und teilweise monoton und zäh.

Abbildung 43: Natur und Asphalt

An meinem angepeilten Tagesziel fragte ich hier und da nach Schlafmöglichkeiten, erntete aber nur Absagen. Auch die beiden Mitarbeiter der Mairie, die zufällig geöffnet war, schüttelten den Kopf und zuckten die Schultern.

Also lief ich weiter in den nächsten Ort. Auch dort war ich erfolglos bei meinen Anfragen (oder ich fragte die falschen Leute bzw. die richtigen waren nicht auf der Straße). Ein Kilometer weiter gab es noch einen kleinen Ort, also los. Es wurde bald 5 Uhr am Nachmittag; ich wünschte mir sehr einen Platz zum Niederlassen und Ausruhen.

Gegenüber den ersten Häusern lag ein Sportplatz mit Trainerkabinen. Dahinter könnte ich als Notlösung meine Isomatten-Schlafsackkombination ausbreiten. Ich drehte eine Runde in der kleinen Ortschaft, erhielt zwei Absagen und lief die letzte Runde in einem Neubaugebiet. Am Gartenzaun sah ich einen Mann mit strähnig-weißem Bart. Ich sprach ihn an; wir fanden heraus, dass wir einen kleinen gemeinsamen Nenner in Spanisch hatten (also meiner war der kleinere; Pascal war Spanier). Nach ein paar Sätzen bat er mich herein: „Hier, auf der Wiese in unserem Garten kannst du schlafen." Er war selbst ein aktiver Radreisender und brachte kurz darauf ein Zelt an und baute es für mich auf. Er zeigte mir die Solardusche und die Komposttoilette im Garten, die ich gerne benutzen durfte. Seine Frau, Isabelle, sprach sogar ein wenig Deutsch; sie hatte einmal für ein deutsches Unternehmen gearbeitet.

Nachdem ich geduscht und umgezogen war, standen drei
Teller auf dem Tisch im Garten. Isabelle hatte einen lecke-
ren Salat gezaubert, dazu gab es Baguette und Käse und für
uns Männer Bier. Sie riefen einen Nachbarn an, der leidlich
Deutsch sprach, er war für längere Zeit im Saarland gewesen.

Pascal (rechts in Abbildung 44) holte seinen Autoatlas und
schaute sich genau die Route an, die ich in Frankreich
schon gelaufen war und noch bis Paris vor mir haben
würde. Ich merkte, wie sich der reiseerfahrene und jung
gebliebene Rentner für meine Tour interessierte. Wir waren uns sehr sympathisch.

Nach vielen Absagen und langem Quartiersuchen hatte unser Schöpfer meine Stoßgebete erhört und mich auch
heute fürstlich belohnt! DANKE!

Abbildung 44: Bei Isabelle und Pascal

Nach einem kurzen Frühstück und herzlichen Abschied lief
ich los. Meine Gastgeber heißen übrigens mit Nachnamen
Le Maire; auf Deutsch: Bürgermeister. So hatte ich auch
einmal in einer Mairie übernachtet!

Der nächste angepeilte Übernachtungsort, Longwy, lag
über 30 km entfernt. Als mir klar wurde, dass dies ein kleines Städtchen ist, suchte ich mir auf Airbnb eine Übernachtung. Danach war ich froh, zu wissen, wohin ich an dem
Abend laufen musste. Bisher endeten meine Suche und das
Nachfragen zwar immer bei tollen Gastgebern, bedeuteten

aber auch Ungewissheit und das Risiko, irgendwo draußen schlafen zu müssen.

Deshalb war ich froh, am späten Vormittag zu wissen, wo ich übernachten würde. Die Freude sollte sich noch ändern, d. h. sie schlug in Enttäuschung und Desillusionierung um...

Als die Vermieterin mir schrieb, ich solle zu einer anderen Adresse als angegeben kommen, dachte ich mir noch nichts. Am angegebenen Ort in einem engbebauten Wohnviertel öffnete mir ein arabischer junger Mann und sagte auf Englisch, seine Mutter, die Vermieterin, sei noch unterwegs, und er wisse von nichts. Aber: „Come in, have a tea"; arabische Gastfreundschaft. Dann war ‚Abwarten und Tee trinken' angesagt.

Nach einer Weile kam die Mutter und zeigte mir ein Zimmer im Nachbarhaus: ein großes Bett, ein Fenster. Die Tür hatte kein Schloss; ich sollte sie verschließen, indem ich den Türgriff von außen abzöge. Gegenüber war Toilette und Dusche, die noch von anderen Bewohnern genutzt würde. Ich dachte mir: ‚Für eine Nacht reicht das.' Bei näherem Hinsehen waren sowohl das Zimmer als auch das Bad staubig, siffig, abgeranzt. Das Außenrollo am Fenster klemmte; von außen lag ein Stein auf dem Fensterbrett.

Ich nahm mir einen Plastikstuhl und setzte mich zum Essen draußen vor das Haus. Das hatte ich nun davon: ein selbst organisiertes Zimmer, das in keinster Weise den Bildern und Beschreibungen der Airbnb-Anzeige entsprach. Wäre ich besser untergekommen, wenn ich, wie bisher, auf Gottes Hilfe vertraut hätte? Ich legte mich ziemlich nachdenklich schlafen.

Am nächsten Morgen machte ich mir in der ebenfalls heruntergekommenen Küche einen Tee, aß etwas Müsli und lief um 6:30 Uhr los. Nur weg von hier! Mein GARMIN

führte mich leider entlang von Hauptstraßen und Auto-
bahnzubringern. Ich sehnte mich nach Wald und Wiese.

An einem der unendlich vielen Kreisverkehre Frankreichs
(das ist nicht ganz korrekt; die Anzahl ist endlich!) schaute
ich auf die Wander-App meines Handys. Mapy.cz empfahl
mir einen etwas längeren, aber vielversprechenden Weg
entlang eines Bachs. Den schlug ich auch ein und wurde
mit einer ruhigen Landstraße belohnt, die sogar teilweise
durch Waldgebiet führte. Das Leben war wieder schön!

Bevor ich in Longuyon, meinem Tagesziel, ankam, lief ich
durch einen mittelgroßen Ort. In einem Café stellte ich
meinen Rucksack ab und fragte den Wirt, ob ich diesen
kurz stehen lassen dürfte, ich wollte im Carrefour nebenan
Brot und Käse einkaufen. „Fragen" ist auch hier nicht ganz
korrekt; ich machte ihm irgendwie mein Anliegen deutlich
und freute mich anschließend, auf wie vielen Wegen
menschliche Verständigung möglich ist – guten Willen bei
den Partnern vorausgesetzt...

Anschließend trank ich einen Kaffee; mittlerweile war ich
von meinem gewohnten café au lait auf den hier üblichen
schwarzen Kaffee in kleinen Tassen übergegangen. In dem
kleinen, ca. drei mal drei Meter großen Raum zuzüglich
Theke war es sehr gemütlich. Am späten Vormittag saßen
und standen dort Einheimische. Der Wirt deutete auf
meinen Rucksack und wollte offensichtlich wissen, woher
ich komme. Ich zeigte ihm meine Streckentabelle mit den
über 1.000 km und kauderwelschte „de Allmande, a Paris"
(später lernte ich, dass die Franzosen das ‚Parí'
aussprechen). Er übersetzte das den Leuten an der Bar,
was mit ausgestrecktem Daumen und „Bon courage!"
bedacht wurde. Einer der Männer sprach mich auf Deutsch
an; er sei Geschäftsmann gewesen, mittlerweile im
Ruhestand und arbeite noch dies und das. Ich hatte den
Eindruck, so genau wollte er das einem Fremden nicht
sagen. Er fand gut, wie ich hier mit Hut und Rucksack laufe

und dass ich eine Auszeit als Burn-out-Vorsorge mache.
Am Ende bezahlte er meine zwei Kaffees. Wir verabschiedeten uns nicht so innig wie alte Kumpels, aber fast so.

Zur Mittagszeit erreichte ich in Longuyon, eine hübsche Stadt, in der die Touristeninformation in einem alten Eisenbahnwaggon untergebracht ist, der mitten auf einem Platz stand. Die Außenhaut war Europa-blau angemalt, darauf die EU-Sterne. Auf einem Schild standen Richtung und Entfernung der sechs Partnerstädte, unter anderem „Pirna 756 km" und „Schmitshausen 197 km"[1].

Abbildung 45: Unterwegs nach und in Longuyon

Ich fühlte mich in dem Ambiente der Stadt gleich wohl; ein Fluss führte durch das Zentrum; in der Mittagshitze verbreitete das Plätschern und Gurgeln ein Gefühl von Abkühlung. Ich fand ein Restaurant, in dem ich die „plat du jour", das Tagesgericht, aß und vermutlich der einzige Fremde unter Einheimischen war – das gefällt mir.

Dann lief ich zurück zum schönen Waggon der Tourist-Information, um nach einer Unterkunft zu fragen. Die Zeit

----

[1] Pirna kennt man als Sachse (für meine Fans außerhalb Sachsens: Kleinstadt an der Elbe zwischen Dresden und der tschechischen Grenze, dort wurde Ende November 2023 zum ersten Mal in Sachsen ein AfD-Kandidat zum Oberbürgermeister gewählt). Schmitshausen ist ein kleiner Ort im Südwesten von Rheinland-Pfalz, in der Nähe von Kleinbundenbach und Häselbergerhof (relativ mittig zwischen Kaiserslautern und Saarbrücken).

bis zum Ende der Mittagspause überbrückte ich in einem kleinen Straßencafé gegenüber.

Die Dame in der Tourist-Information war sehr hilfsbereit und engagiert, konnte mir aber letztendlich nicht helfen; sie hatte nur Verzeichnisse von Ferienwohnungen oder großen Häusern für Gruppen. Und Hotels oder Pensionen schien es hier nicht zu geben. Schade. In dieser Stadt hätte ich gerne in einem Quartier meinen Rucksack abgestellt und wäre noch etwas herumgebummelt.

Also blieb mir nichts anderes, als weiterzulaufen, einen kleinen Ort zu suchen und Leute zu fragen. Das war meine Taktik mit den bisher besten Erfolgen.

Ich lief auf Feldwegen und kleinen Straßen nach Colmey, laut Navi etwa 6 km entfernt. Unterwegs kam ich an einem Bauernhof oder Landgut vorbei: ein großer Vierseitenhof, ein Mann fuhr auf dem Rasentraktor herum, alles wirkte sehr geräumig und ordentlich. Ich war müde und dachte, hier könnte doch ein Platz in der Scheune für mich frei sein; ein Gästezimmer hätte ich auch genommen. Ich ging auf den Hof und rief laut „Hallo", da rannte ein mittelgroßes Hundeexemplar bellend auf mich zu. Ich bin kein Hundefreund, da wirkt ein Kindheitstrauma in mir nach.[1]

Auf meinem bisherigen Weg habe ich gelernt, in so einer Situation ruhig stehenzubleiben, den Hund schnüffeln zu lassen und ruhig auf ihn einzureden. Das hat auch immer funktioniert, und meine ... „Hundephobie" ist jetzt ein zu starker Ausdruck, also meine Ängstlichkeit vor Hunden hat sich seitdem deutlich reduziert (die besten Hunde haben

---

[1] Als ich als kleiner Bub in der Gaststätte meiner Eltern „bediente", d. h. ab und zu eine neue Flasche Bier auf den Tisch stellte, waren oft Gäste mit Hunden da, die sich teilweise heftig ankläfften (vor allem die Dackel!). Das flößt mir bis heute Respekt und Misstrauen gegenüber Hunden ein.

aber für meine Bedürfnisse ein weiches Fell, schnurren und machen „Miau").

Dieser Hund hier tat ja nur seine Pflicht und bewachte sein Territorium. Da kam auch schon der Rasentraktorfahrer an, er wirkte wie der Eigentümer des Anwesens. Ich brachte meine Spruch zur Übernachtungssuche an, er meinte nur: „Non."

Tja, Frustrationen gehören zum Leben, deren Verarbeitung auch…

Eine halbe Stunde später sah ich, etwas abseits vom Weg, wieder einen Hof. Ein Schild mit dem Namen zeigte dorthin, darunter handgeschrieben: „Honig" und „Hühner", also schon auf Französisch, und so nett gestaltet, dass es sich auch mir sofort erschloss. Ich überlegte kurz, die 500 m hinzugehen und nach einem Quartier zu fragen. Nach der ablehnenden Antwort zuvor und dem Risiko, eventuell wieder zurücklaufen zu müssen, entschied ich mich weiterzugehen.

Dann erreichte ich das Dorf Colmey. Es war Nachmittag gegen fünf Uhr, immer noch ca. 30° warm, auf meinem Tageskilometerzähler standen 31 km: Ich wollte nur ein Bett oder einen Platz für meinen Schlafsack.

Am ersten Haus klingelte ich. Eine junge Frau öffnete das Fenster, und ich ließ meinen Spruch ab. Sie antwortete auf Französich, ich zuckte mit den Schultern. Da nahm sie ihr Handy, sprach etwas hinein und zeigte es mir. Auf Englisch stand dort: „Diese Straße weiter, nach 30 m links ist ein Schloss, da können Sie übernachten." – Merci beaucoup!

Am angegebenen Ort ging ich durch ein offenes zweiflügeliges Holztor in einen kiesbedeckten Innenhof. „Schloss" fand ich etwas übertrieben; ich blickte auf ein großes zweistöckiges Herrenhaus, darum einige Neben-gebäude angeordnet, so dass sich ein ca. 30 x 30 m großer

Hof ergab. Mein „Hallo" wurde zuerst von einem wuscheligen Hund gehört, der träge auf mich zutappte. Vor dem brauchte ich wohl keine Angst zu haben; ich würde ihm auch nichts tun. Dann erschien eine weißhaarige und vornehm wirkende Dame. Sie wechselte schnell auf Englisch und meinte, sie würde normalerweise Zimmer oder Wohnungen monatsweise oder für ein Wochenende vermieten. Es wäre zwar etwas frei, aber sie müsse jetzt weg und könne mich nicht betreuen

Abbildung 46: Das „Schloss" in Colmey von außen …

Doch anscheindend waren ihr meine Wanderkluft und meine Geschichte der Auszeit und dem weiten bisher zu Fuß zurückgelegten Weg sympathisch. „Wait here. I must organize something." Dann kam sie und sagte, sie habe Zeit, ich könne hier übernachten. Sie öffnete eine Tür an der langen Fassade des Haupthauses und zeigte auf zwei miteinander verbundene Räume: eine Art Wohn- und Esszimmer mit einem großen, urigen Holztisch; dahinter drei einladende, mit weißen Laken bezogene Betten, dazu noch Sessel. Daneben befand sich noch ein Badezimmer mit Dusche. Nach dem langen Tag und den bisher erhaltenen Absagen kam mir das vor wie im Paradies. Ich war sprachlos. So etwas kann man nicht vorbuchen, das bekommt man geschenkt! Und das wörtlich: Auf meine

Frage, was sie für die Nacht haben wolle, antwortete sie:
„Nothing. You are my guest."

Abbildung 47: ... und innen

Als ich Brot und Käse auspackte und draußen aß, brachte
meine freundliche Gastgeberin ein Tablett an, darauf eine
Flasche belgisches Bier (für Kenner: Orval) und eine Schale
mit Kartoffelchips (nach Brot und Käse eins meiner
Grundnahrungsmittel!): „Ich denke, Sie haben Durst nach
so einem Tag." Ich strahlte sie an und war wieder
sprachlos.

Ihr Hund schien sich auch über meinen Besuch oder über
Abwechslung zu freuen: er blieb bei mir und ließ sich
gerne kraulen und tätscheln. Die alte Dame sagte: „Dem
Hund fehlt Auslauf, wenn Sie mit ihm eine Runde über das
Grundstück gehen, freut er sich." Das tat ich dann auch
und: es machte mir sogar Freude! Der Hund (den Namen
habe ich mir nicht notiert) ging mit mir, rannte wie ein
Wilder hin und her und in großen Kreisen um mich herum
und hörte sogar manchmal, wenn ich ihn rief. Danach lag
er zufrieden zu meinen Füßen. So etwas hatte ich noch nie
erlebt. Neben einem tollen Quartier erhielt ich hier sogar
eine persönliche Hundetraumabearbeitung!

Dieses Erlebnis ist ein weiteres Beispiel dafür, was diese

Reise, diese elf Wochen alleine unterwegs, mit mir „gemacht" haben und wie ganz persönliche Dinge hochgekommen sind und – in diesem Fall – positiv bearbeitet wurden.

Abbildung 48: Ausruhen!

Als mich meine Frau nach der Rückkehr fragte, ob und was sich denn für mich durch die Reise verändert hätte, konnte ich auf Anhieb gar nichts sagen. Es sind solche Dinge wie die größere Entspanntheit gegenüber Hunden und – immer wieder – die Dankbarkeit für die erlebte Gastfreundschaft, oft überraschend und großherzig. So wie hier und später auch noch.

Wer in Lothringen bzw. in der Region Grand Est unterwegs sein sollte und in der Nähe von Colmey ist (ein 250-Einwohner-Dorf westnordwestlich von Longuyon, ca. 80 km von Metz entfernt), dem/der kann ich dieses Schloss empfehlen. Es liegt in der Rue Pierre de Chevigny.

Übrigens steigerte die Schlossdame ihre Gastfreundschaft noch und fragte mich, ob ich zum Frühstück einen Kaffee wolle. Das lehnte ich nicht ab, und da sie morgens nicht so früh unterwegs war wie ich, kam sie kurz vor dem Dunkelwerden mit einem weiteren Tablett, auf dem sich eine Thermoskanne Kaffee, Milch für mein Müsli und ein eingeschweißtes Süßgebäck befanden. Heute war wirklich ein Glückstag!

Bevor ich am nächsten Morgen losging, legte ich einen
Zehn-Euro-Schein und einen Zettel mit einem persönlichen
Dankeschön auf den Eßtisch.

Ich lief auf Feldwegen, Nebenstraßen und durch kleine
Dörfer und steuerte die Kleinstadt Montmédy an. Der Weg
war zwar verkehrstechnisch entspannt und verlief sogar
ein Stück durch Belgien, aber er zog sich.

Kurz nach Mittag kam ich in dem Städtchen an. Es wird von
einer bzw. der Zitadelle dominiert, eine Festungsanlage,
die westlich des Zentrums über der Stadt thront und von
der man einen tollen Ausblick über die Gegend genießen
kann.

Auf der digitalen Karte waren drei Hotels eingetragen.
Davon stand eins zum Verkauf, die beiden anderen waren
geschlossen. Bei einer dort angegebenen Telefonnummer
sprach ich auf den Anrufbeantworter, aber niemand
meldete sich zurück.

Nach einer Pizza und zwei Bier war ich müde und schlief,
auf einer Bank sitzend und an meinen Rucksack angelehnt,
kurz ein.

Da ich wohl keine Unterkunft finden würde, lief ich zur
Zitadelle, um von dort aus in den nächsten Ort zu gelangen.
Kurz vor der Zitadelle gab es einen Caravan-Parkplatz;
vielleicht gäbe es dort einen Unterstand, um meinen
Schlafsack auszurollen. Die Wolken verdichteten sich
nämlich und Wind kam auf; außerdem war es den ganzen
Nachmittag schon schwül. Der Empfang öffnete aber erst
um 20 Uhr. Es gab nur sauber abgegrenzte Stellplätze mit
Wasser- und Energieanschluss, also nichts für solche Leute
wie mich.

Da ich nun schon so nah an der Zitadelle war, lief ich auch
hinein, durch zwei imposante Tore durch. Im ersten
Gebäude links befand sich die Tourist-Information. In der

Stadt hatte mir jemand gesagt, dass hier auch Zimmer vermietet würden. Meine Recherche ergab ein gehobenes Niveau mit Preisen ab 170 € pro Nacht. Das war nicht ganz meine Preisklasse.

Ich fragte den Angestellten und konnte mich soweit verständlich machen, dass ich nur einen Platz für meinen Schlafsack und ein Waschbecken benötigte. Auf Deutsch hätte ich gesagt: „Ich nehme auch die Besenkammer." Aber das konnte ich weder auf Englisch, geschweige denn auf Französisch ausdrücken.

Der Herr am Tresen telefonierte und sagte dann: „Es gibt in der Nähe ein gîte, die Besitzerin kommt gleich. Ich fahre Sie dorthin." Er schloss den kleinen Raum zu, lud mich in sein Auto und fuhr mich ca. 400 m zu einem Haus, das ich auf dem Hinweg übersehen hatte. Kurz darauf kam eine junge Frau angefahren, die mir aufschloss und mir ein Zimmer zuteilte. Das Haus war eine Art Jugendherberge: Im Erdgeschoss eine Küche und ein Speiseraum für ca. 20 Leute, im Obergeschoss vier Zimmer mit jeweils drei Doppelstockbetten darin. Das genügte mir vollauf und war mir auch lieber als eine teure Schicki-Micki-Unterkunft.

Abbildung 49: Gîte in Montmédy

Häuser, an denen das Schild „gîte" angebracht war, habe
ich danach noch oft gesehen. Es sind Ferienwohnungen
oder -häuser, die oft an Wochenenden vermietet werden.
Die Eigentümer wohnen nicht unbedingt im gleichen Ort.
Ich klingelte und klopfte erfolglos an so manchem gîte,
aber hier in Montmédy hat es einmal geklappt.

Nachdem ich mich etwas eingerichtet hatte, überlegte ich,
wie ich den Rest des Tages verbringen wollte: Die Zitadelle
anschauen oder noch mal runter in die Stadt laufen und
einkaufen. Da fuhr ein alter roter Golf mit deutschem
Kennzeichen an: EMS, Bad Ems an der Lahn, unweit von
Koblenz. Das war also auch ein Rheinland-Pfälzer, wie ich.

Ein älterer, weißhaariger Herr stieg aus, sah mich vor dem
Haus sitzen und sprach mich Französisch an. Ich
antwortete entspannt: „Ich glaub, mir könne Deutsch
schpresche." Da war das Eis schnell gebrochen. Der Herr –
wir waren schnell beim Du – hieß Jochen, suchte eine
Unterkunft und war, wie ich, vom Angestellten der Tourist-
Information hierher geschickt worden. Nun spielte ich den
Hauseinweiser; die Bezahlung würde sich später klären.

Jochen wollte auch für das Abendessen einkaufen. Er nahm
mich in seinem Golf mit und wußte, wo ein Lebensmittel-
laden war. Als wir wieder an unserem gîte ankamen, fing
es wie aus Eimern an zu schütten. Die Schwüle des Nachmittags entlud sich in dicken Tropfen, die den sandgeschlämmten Vorplatz im Nu unter Wasser setzten. Nach
zehn Minuten war der heftige Schauer genauso schnell
vorbei, wie er angefangen hatte. Wie froh war ich über ein
festes Dach über meinem Schlafsack! Und dazu noch
jemand zum Abendessen, der meinen Heimatdialekt
sprach!

Was ich schon öfter auf dieser Reise erlebt habe, geschah
auch hier: zwei ganz fremde Menschen erzählen sich offen
aus ihrem Leben.

Und Jochen hatte einiges zu erzählen: Er war 77 Jahre alt, wirkte aber eher wie ein 68er, im doppelten Wortsinn. Sein Vater wollte, dass er BWL studierte und die elterliche Firma übernahm. Er wollte aber in die Kunstgeschichte gehen, was fast zu einem Zerwürfnis mit seinem Vater geführt hätte. Als Kompromiss wurde Geschichte auf Lehramt akzeptiert. Und so saß ich einem ehemaligen Geschichtslehrer gegenüber. Und einem ehemaligen Gastwirt. In Kaub am Rhein hatte er ein altes Fachwerkhaus saniert, ich glaube, das alte DorfgemeinschaftsBackhaus, das Backes, und darin ein Weinlokal mit Kulturangeboten wie Konzerte, Ausstellungen und Lesungen betrieben.

Er war Frankreich-Liebhaber und fuhr, wenn er Lust und Zeit hatte, zu Schlössern und Burgen. Mit dem Autoatlas auf dem Beifahrersitz tuckerte er durch die Lande und suchte sich nachmittags eine Unterkunft. Er genoss sein Rentnerleben.

Wir verbrachten bei Brot, Käse, Joghurt und Rotwein einen angenehmen Abend. Dabei verstärkte sich mein Gedanke, hier in diesem netten Quartier einen Ruhetag und eine weitere Nacht zu verbringen. Schließlich war ich die letzten drei Tage jeweils über 30 km gelaufen und etwas müde; außerdem lag ich gut im Zeitplan. Jochen wollte am nächsten Vormittag weiterfahren. Zuvor besichtigten wir am Morgen gemeinsam die Zitadelle. Jochen erklärte mir einige geschichtliche Zusammenhänge, beispielsweise das Verhältnis der Franzosen zu ihren verschiedenen Königen und deren unterschiedliche Charaktere oder architektonische Besonderheiten an der Festungsmauer oder den Gebäuden. Es war schon interessant, mit einem alten Geschichtslehrer herumzuspazieren.

Unter anderem erklärte er mir, dass die Zitadelle im 17. Jahrhundert durch Sébastian Vauban, ein französischer General und Festungsbaumeister, zuerst erobert und dann

nach damals modernen Gesichtspunkten befestigt wurde.
Sie stellte später, in den 1930er Jahren, den Endpunkt der
sogenannten Maginot-Linie dar. Mit dieser langen Verteidi-
gungsanlage, beste-
hend aus Festungen,
Bunkern und Wäl-
len, wollte sich
Frankreich gegen ei-
nen vermuteten
Überfall von Nazi-
Deutschland schüt-
zen.

Abbildung 50: Befestigungsmauer der Zitadelle

Abbildung 51: Blick von der Zitadelle auf Montmédy

Jochen hat mir außerdem erklären können, warum die älteren Leute im Hunsrück, ja selbst mein Vater, so eine Abneigung gegen die Franzosen hatten: Zwischen dem 17.
und 19. Jahrhundert verwüsteten und brandschatzten
französische Truppen öfter die Pfalz und das Rheinland. In
den beiden Weltkriegen gehörten sie auch zu den Feinden.
Das deutsche Militär hat sich in der Vergangenheit im Aus-
land natürlich auch barbarisch verhalten. Ich glaube, meine

Generation ist die erste, für die der Ausdruck „Deutsch-Französische-Freundschaft" keine hohle Phrase ist (im Gegensatz zur „Deutsch-Sowjetischen Freundschaft" zu DDR-Zeiten).

Am Nachmittag, nach einem schönen Mittagsschläfchen (eine tolle Angelegenheit!), schaute ich mir die zum Teil verfallenen Gebäude auf dem Plateau der Zitadelle an und fand ein schönes Lokal zum Abendessen. Es wurde von einem jungen Pärchen aus Mittelamerika geführt, das auf der Speisekarte Tapas, Tortillas und andere Leckereien anbot. Ich saß draußen und genoss das entspannte Ambiente.

Am nächsten Morgen lief ich in leichtem Nieselregen los; die Besitzerin kam extra für mich um halb acht am Samstagmorgen angefahren, um das Haus zuzuschließen. Dafür bekam sie auch Geld von mir, aber meinen frühen Abreisewunsch zu ermöglichen, fand ich sehr zuvorkommend.

Der Weg führte nach Norden, ein Stückchen durch einen belgischen Zipfel (diese Grenzen und Abgrenzungen: Die Wälder, Wiesen und Kühe sehen mehr oder weniger gleich aus!). In einem großen Ausflugslokal aß ich zu Mittag. Die meisten Gäste waren Familien und Freundeskreise; ich fühlte mich als Einzelwanderer mit Rucksack, Stock und etwas verdreckter Wanderhose etwas deplatziert, wurde aber nicht unhöflich behandelt.

Dann erreichte ich die Via St. Martini, die direkt nach Reims führt. Als ich diese Wegzeichen sah, fühlte ich mich gleich … nicht sicherer, mit meinem GARMIN und der Wander-App kam ich gut zurecht, eher geführt, geleitet. Ich lief ab jetzt auf einem Weg, auf dem seit vielen Hundert Jahren schon Pilger laufen.

Meine Hoffnung, dass der leichte Nieselregen des Vormittags aufhören würde, wurde nicht erfüllt; im Gegenteil, die Nieseltröpfchen wurden größer und dichter und brachten einen ordentlichen Landregen zustande. Zuerst war ich noch frohgemut, weil die Strecke auf guten Wegen durch den Wald führte. Am Waldrand, bevor mein Weg weiter durch eine offene Wiesenlandschaft führte, stellte ich mich unter einen großen, dicht belaubten Baum. Ich wollte es erst nicht wahrhaben, aber dann gestand ich es mir ein: ich werde hier genauso nass wie ohne Laubdach. Da konnte ich auch weiterlaufen und wäre schneller im nächsten Ort. Zwischendurch schaute ich auf meine Handy-App, um mich zu versichern, dass ich noch auf dem richtigen Weg war, aber mit nassen Händen reagierte das ebenfalls nasse Display nicht. Handys sind, glaube ich, nicht wasserdicht... Ich bekam eine kleine Panikattacke, dachte aber dann: egal, weiterlaufen; irgendwo würde ich schon ankommen. Übrigens hatte ich eine Regenhose im Gepäck. Sie beim Nieselregen anzuziehen, kam mir nicht in den Sinn – und als ich später bis auf die Unterwäsche nass war, da war es sowieso zu spät dafür.

Nach kurzer Zeit gelangte ich zu meinem angepeilten Zielort Mogues, ein kleines Dorf mit vielleicht 250 Einwohnern. Es hatte zum Glück aufgehört zu regnen. Ich wollte hier gerne übernachten, Geld spielt keine Rolle, Hauptsache, ich kann die nassen Sachen ausziehen und selbst trocken werden.

Nun ist es nicht so einfach, samstagsnachmittags Leute zu finden, die ein Zimmer anbieten oder sagen: „Du kannst dich in unserem Gartenhaus niederlassen."

Ich wurde zwar zu einer Unterkunft geschickt, die sogar von der Bürgermeisterin betrieben wurde, aber die hatte alle Zimmer belegt und war überhaupt nicht daran interessiert, einem Fremden, der ihr auch noch den Flur mit nassen Tapsen versaut hatte, weiterzuhelfen. Nun, wenn es nur nette Menschen auf der Welt gäbe, das wäre ja nicht auszuhalten!

Ich lief zum Ende des Dorfs und entdeckte ein hübsch aussehendes Haus mit Blumenschmuck und Bank daneben. Ich dachte: ‚In so einem Haus können nur gute Menschen leben! Vielleicht haben die einen Schlafplatz für mich'. Aber es war niemand zu Hause. Ich setzte mich auf die Bank, wartete eine Weile, lief dann eine Runde durch das Dorf und klingelte wieder an meinem Wunschhaus: Keiner da.

Also lief ich weiter. Dann mussten meine nasse Haut und die Kleidung eben durch Bewegung und Körperwärme trocknen. Zum Glück wehte kein starker Wind, und es war warm (1. Juli).

Im folgenden Ort, der ebenfalls relativ klein war, fand ich auch keinen Schlafplatz. Tja, dann weiter. Nach vier Kilometern erreichte ich das nächste Dorf, Les Deux Villes. Die dritte Person, die ich sah und ansprach, war eine Rentnerin im Vorgarten. Neben der Hausnummer war mit bunten Buchstabenfliesen die Inschrift EL ANDALÚZ angebracht. Sie rief ihren Mann dazu, der aus Andalusien stammte. So konnte ich mich etwas auf Spanisch verständlich machen und erklären, woher ich kam und wohin ich wollte. Offensichtlich hatte ich die „Vertraulichkeitsprüfung" bestanden, denn nach einem kurzen Dialog der beiden auf Französisch sagte er: „Bienvenido. Hay una casa en jardín." Ich durfte im Gartenhaus übernachten.

Abbildung 52: Übernachtung bei El Andalúz

Evelyne und Gabriel, beide kurz vor 70, aber sie wirkten viel jünger, leben für ihren Garten. Gabriel war begeisterter Tomatenzüchter. Jedes Jahr zieht und kreuzt er Tomaten, dieses Jahr waren es 70 verschiedene Sorten.

Den Garten anzuschauen war die reine Freude für mich. Dort wuchs alles, was man so anbauen kann, Kräuter, Salat, Gemüse, Erdbeeren, Weintrauben; gepflegt, aber nicht penibel-spießig, naturnah und dabei wohlgeordnet.

Abbildung 53: Garten von Evelyne und Gabriel

Im Garten gab es eine Dusche, die nahm ich gerne in Anspruch. Unterdessen bereitete Evelyne das Abendessen vor: es gab Nudeln, Cordon bleu und als Nachtisch Himbeeren aus dem Garten.

Zur Polsterung meiner Isomatte gab mir Gabriel eine Matratzenunterlage. Es war eine tolle Übernachtung in einem Gartenhaus, das die beiden sonst als Partyraum nutzen.

Nach einem Kaffee am Morgen und freundlicher Verabschiedung von Gabriel (er war so gastfreundlich, mit dem verrückten Deutschen früh aufzustehen; Evelyne schlief gegen sieben Uhr noch) lief ich weiter gen Westen.

Nehmen und Geben

Unterwegs dachte ich: außer meinem ehrlichen Interesse
für die Gastgeber und einem von Herzen kommenden
‚Merci' kann ich für die empfangene Gastfreundschaft und
die Verköstigung nichts geben.

Und das stimmt auch. Der Beschenkte bin eindeutig ich.

Vielleicht sind aber auch die Gastgeber Beschenkte: Mein
Eindruck bei älteren Ehepaaren war oft: Man kennt sich
über ein halbes Leben lang; im Grunde ist alles gesagt. Die
Tage laufen in gewohnten Routinen ab.

Dann fragt da einer am Gartenzaun, wo man hier übernachten könne. Er sieht nicht wie ein Dahergelaufener aus
(im Hunsrück würde man ‚Zores[1]" sagen), man erfährt, wo
er herkommt, sieht Fotos von seiner Familie, ein Ingenieur
in Auszeit. Nun, eine Übernachtung geht schon, man hat
Platz, ist neugierig – und es wird ein interessanter, anre-
gender Abend.

An dem ab und zu verunglimpften Sprichwort: ‚Geben ist
seliger als Nehmen' ist wohl etwas Wahres dran. Ich habe
es selbst schon erlebt: Ehrliches Teilen, Abgeben, Helfen
macht glücklich.

Am Vormittag kam ich durch das schöne Städtchen mit
dem wohl klingenden Namen Carignan. Direkt an der

---

[1] „Eine als asozial, verbrecherisch (oder ähnlich) angesehene
Gruppe von Menschen, die aufgrund dessen verachtet und
abgelehnt wird" (aus: www.wiktionary.de). Das Wort stammt
„aus dem Jiddischen und bedeutet dort auch: Streit, Wirrwarr"
(aus: Digitales Wörterbuch der deutschen Sprache,
https://www.dwds.de/wb/Zores)

Hauptstraße befand sich eine Bäckerei. Die Angestellten waren so freundlich, mir zu meinem Croissant auch einen Kaffee zu kochen und einen Plastikstuhl zu leihen. Damit setzte ich mich draußen auf den Gehweg – zweites Frühstück am Sonntag. Ich fand sogar einen Laden, der Briefmarken verkaufte; als überzeugter Ansichtskartenschreiber freute mich das sehr.

Das Schreiben von Ansichtskarten hat sehr abgenommen, seit man mit Messenger-Diensten unkompliziert Grüße und Befindlichkeiten versenden kann, die einschließlich aktueller Fotos in Sekunden beim Empfänger auf dem Display landen. Und dennoch: Beim Schreiben von Ansichtskarten mache ich mir mehr Gedanken. Es ist eher ein Prozess, die Sätze entwickeln sich auf dem kleinen DIN A6-Karton; meine Empfindungen und Eindrücke werden in überlegtere Worte gepackt. Dagegen empfinde ich die elektronischen Nachrichten – bei allen Vorzügen des spontanen und schnellen Teilens von Eindrücken – oft als dahingehaucht, als kurzlebiger. Und beim Einwerfen der Karten in den Briefkasten (nachdem derselbe sowie Marken gesucht und gefunden wurden!) empfinde ich eine innere Erleichterung. Und ich freue mich und male mir die Situation aus, wenn die/der Empfänger die Ansichtskarte erhält und liest.

Am frühen Nachmittag lief ich in der Kleinstadt Mouzon ein. Sie liegt malerisch an und zwischen zwei Armen der Maas. Jetzt ein Quartier finden und dann in diesem schönen Städtchen bummeln, das wäre toll.

Ich ging erst mal zur Kirche, sie war heute am Sonntag auch geöffnet. In einer leeren Kirche zu sitzen, hat für mich etwas sehr Beruhigendes und Meditatives.

Abbildung 54: In Mouzon

Als ich schon eine Weile darinsaß, kam aus der Sakristei eine junge Frau heraus, vermutlich die Küsterin oder Kantorin. Ich sprach sie an, ob hier irgendwo ein Quartier zu finden sei. Sie war sehr freundlich, sprach Englisch und führte mich um die Kirche herum zum Pfarrhaus. Das Tor war offen, aber der Pfarrer nicht da. Mehr konnte sie nicht tun, aber ich freute mich über ihre Hilfsbereitschaft. Dann las ich, dass in einem Nachbarort um diese Uhrzeit ein Gottesdienst stattfand. Es war nicht verwunderlich, dass der Pfarrer sonntags unterwegs war.

Ich ging erst einmal etwas essen und fand ein Restaurant, etwas zu nobel für mein Aussehen, aber am Sonntag darf es auch einmal etwas Besonderes sein.

Nach einigem Herumfragen wurde ich zu einem Grundstück geschickt, auf dem Wohnungen vermietet würden. Dort fand gerade eine große Familienfeier statt; das Nebengebäude, zu dem mich jemand hingestikulierte, war verschlossen.

Auf der Karten-App meines Handys wurden zwar einige Ferienwohnungen, auch ein Campingplatz, angezeigt; ich lief drei davon ab, war aber erfolglos: Entweder öffnete niemand oder sie waren belegt.

In der Nähe gab es ein kleines Textil-Museum, in dem auch die Tourist-Information untergebracht war. Die beiden Angestellten sprachen Englisch, telefonierten für mich herum und offerierten mir ein Ferienhaus in ca. 8 km Entfernung.

Am Sonntagnachmittag bei fast 30° noch zwei Stunden zu laufen war jetzt nicht das, was ich noch wollte. Dazu lag das Quartier in einem Ort etwas abseits meiner Route nach Westen, direkt im Süden. Aber die Aussicht auf ein Bett lockte mich doch – besser, als irgendwo in einem Park zu liegen und nachts von einem streunenden Hund abgeschleckt zu werden. Also: los geht's!

Ich gab die Adresse in mein GARMIN ein, und es lotste mich auf dem kürzesten Weg, der leider nur über Asphaltstraßen führte, nach Beaumont-en-Argonne.

An der Zieladresse stand die Eigentümerin schon vor der Tür, sprach mit einer Nachbarin und erwartete mich. Ein zweistöckiges Wohnhaus, ausgebaut als Ferienhaus für sieben Personen: Das war Platz genug!

Abbildung 55: Übernachtung in Beaumont de Argonne

Die Dame verlangte 42 € für die Übernachtung, das fand ich angemessen. Darin eingeschlossen war eine Flasche

Bier für das Abendessen und die Einweisung in die Kaffee-maschine, inclusive Kaffee-Pad.

Am nächsten Tag überlegte ich, ob ich mit dem Bus ein Stück auf meine geplante Route fahren sollte. Aber auf bzw. neben der Landstraße ließ es sich gut gehen: das Bankett war leicht grasbewachsen, nicht sandig, und die Landschaft war leicht hügelig und abwechslungsreich. Außerdem war es nicht mehr so heiß wie die Tage zuvor.

In den Ardennen lief ich über geschichtsträchtigen Boden. Vor über hundert Jahren kämpfte unsere Großväter-Generation gegen französische Männer; vier Jahre in einem blutigen, für beide Länder verlustreichen Krieg. Teilweise wurde in dieser Gegend wochenlang um jeden Wald, jede Anhöhe, jedes Gehöft gekämpft. Die Erinnerung daran wird noch sehr lebendig gehalten: Ich sah viele Gedenktafeln, Soldatenfriedhöfe, alte Panzer; sehr oft verbunden mit Aufrufen zu *„Toleranz, Freundschaft und Frieden. ‚Die Vernunft muss über den kriegerischen Wahnsinn triumphieren‘, sagte die Bürgermeisterin von Stonne der Märtyrergemeinde."* So steht es auf der Tafel, die man in Abbildung 56 neben der deutschen Flagge sieht. – Prophetisch und leider ganz aktuell!

Abbildung 56: Gedenkort zum 1. Weltkrieg

Gegen 15 Uhr kam ich in einem kleinen Städtchen an. Ich frage mich übrigens beim Schreiben gerade, wo ich die Grenze zwischen einem „kleinen Städtchen" und einem „großen Dorf" ziehe. Den Unterschied macht wohl die Anzahl der Geschäfte, die Lebendigkeit der Plätze und die Größe der Kirche.

Ja, in Le Chesne, gab es viel Betrieb im Zentrum, also Menschen und Autos, und – sehr wichtig für einen müden, hungrigen Wanderer – eine schöne, einladende Bäckerei. In der Nähe verlief ein Flüsschen, es war, wie ich später feststellte, der Ardennenkanal, eine 99 km lange Schifffahrtsverbindung von der Maas bis zur Aisne und weiter bis zum Großraum Paris. Früher wurde der Kanal (1823 begonnen, 1831 eröffnet, eine ingenieurtechnische Meisterleistung!) für die Frachtschifffahrt genutzt. Heute fahren darauf fast nur noch Wassersportler und tiefenentspannte Hausbootbesitzer.

Mit Tee und süßen Teilchen (hochdeutsch: Kleingebäck) ließ ich mich auf der Terrasse der gut besuchten Bäckerei nieder. Ich durfte dort mein Handy laden und schrieb etwas Tagebuch. Als ich so dasaß, wurde ich müde und wollte nach 28 Tageskilometern gerne in diesem Ort übernachten.

Meine entsprechende Frage an die Bedienung, vermutlich die Frau oder Freundin des Bäckers, beantwortete sie erst mit Schulterzucken, fragte dann die Kundin hinter mir und rief dann sogar noch irgendwo an. Aber leider konnte sie mir nicht weiterhelfen. Ich bedankte mich und ging los, um mich etwas umzuschauen.

Kirche, Pfarrhaus und Mairie sahen wenig erfolgversprechend aus. In der Nähe der Kirche gab es eine Art Pfadfinderheim, darüber prangte eine Jakobsmuschel und die Inschrift „Maison... Route de Saint Jaques". Das klang doch erfolgversprechend! Leider war das Haus verschlossen und leer. An einem Schaukasten fand ich die Adresse des Ansprechpartners. Er wohnte im Ort, ein paar Straßen weiter. Ich lief hin und klingelte, aber niemand öffnete. Nebenan befand sich eine Autowerkstatt, da fragte ich nach bzw. ich machte dem nur französisch sprechenden Mechaniker klar, was ich wollte. Seinen Worten entnahm ich, dass der Nachbar alt sei und nicht mehr hier wohne.

Ich lief wieder zu dem „Jakobshaus" zurück und überlegte, ob ich auf dem Gelände einfach auf der Rasenfläche übernachten sollte. Dabei sah ich gegenüber eine geöffnete Bibliothek. Ich ging hin und fragte nach einer Übernachtungsmöglichkeit – die Bibliothekarin sprach etwas Englisch – und meinte halb im Scherz, ob ich an diesem Ort übernachten könnte, es gab immerhin Teppichboden und sicher auch ein Waschbecken, dachte ich mir. Wir lachten zusammen, dann erklärte sie mir, dass sie als städtische Angestellte Ärger mit ihrem Bürgermeister bekommen würde. Eine Jugendliche, die gerade einige Bücher auslieh, schaltete sich ein und meinte, ihre Mutter hätte den Schlüssel zum benachbarten Jakobshaus, ich könnte bestimmt dort schlafen – voilà!

Abbildung 57: In Le Chesne

Die Bibliothekarin schenkte mir zum Abschied eine Flasche Apfelsaft. Fünf Minuten später war die Mutter da und schloss mir das Haus auf. Es war perfekt für meine Bedürfnisse: ein Versammlungsraum mit Taizé-Kreuz und Teppich davor, eine Toilette mit Waschbecken und eine Teeküche. Sie schloss das Bürozimmer ab und beantwortete meine Frage, was die Übernachtung koste, mit großen, staunenden Augen: „Sie sind doch ein Pilger. Es ist mir eine Ehre, Sie hier unterzubringen. Sie sind natürlich hier Gast." Sie bedeutete mir, den Schlüssel morgen früh in den Briefkasten zu werfen und wünschte mir einen guten Abend und eine gute Nacht.

Ich richtete mich ein, stellte mir zwei Stühle vor die Tür und aß von meinem Brot und Käse aus dem Rucksack.

Am nächsten Morgen legte ich einen Zehn-Euro-Schein mit einem ‚Merci' auf den Tisch und lief dann entlang des Ardennenkanals auf einem asphaltierten Radweg in den neuen Tag.

Abbildung 58: Am Canal des Ardennes

Die Schleusen erinnerten mich ein bisschen an den Spreewald, auch wenn die Landschaften verschieden sind (irgendwie wirkt der Spreewald provinzieller auf mich als die Gegend am Ardennenkanal).

Als ich ein Schild „Museum 1940“ sah, folgte ich ihm zu einem abseits der Straße gelegenen Hof. Ich bin zwar kein Freund von altem Kriegsgerät, aber die Thematik der beiden Weltkriege war hier in jedem Dorf und an vielen Wegepunkten so präsent, dass ich doch zu einer kleinen Geschichtseinheit von meinem Weg abbog.

Auf dem Hof arbeitete ein Mann, der mir auf Englisch sagte, dass das Museum geschlossen sei. Sein Vater habe es aufgebaut, und der sei jetzt alt und im Krankenhaus. Natürlich hört ein Franzose bei meinem ‚Bonjour‘ sofort, dass ich Deutscher bin. Vielleicht deshalb oder weil er mich in der Wanderkluft nicht wegschicken wollte, sagte er: „Für Sie mache ich auf. Kommen Sie bitte.“

Ich betrat über eine Treppe eine Art Dachboden, der mit altem Kriegsgerät und Soldatenausrüstung vollgestopft war. Der Vater hatte wohl alles gesammelt, was irgendwie mit dem 2. Weltkrieg zu tun hatte. Bis vor kurzem wären regelmäßig alte deutsche Kriegsveteranen hergekommen.

In einer Mischung aus geschichtlichem Interesse, Abneigung zu den herumliegenden Zerstörungswerkzeugen und Trauer über so viel verschenktes Leben der damaligen Soldaten verließ ich diesen Ort.

In der nächsten Ortschaft, in Voncq, arbeitete ein älteres Ehepaar im Vorgarten und räumte Heckenschnitt weg. Die Dame sprach mich erst auf Französisch, dann auf Englisch an, ob ich etwas brauche, Wasser oder etwas zu essen. Ich bedankte mich, und wir kamen ins Gespräch über mein Woher – Wohin. Sie lud mich zu einem Kaffee ins Haus ein, den ich dankend annahm. Das Wohnzimmer war vollgepackt mit Pflanzen, Bildern und Büchern, ohne dass es chaotisch wirkte, vielmehr lebendig und von weltoffenen Menschen beseelt. Wir redeten über Kinder, über Blumen, über Bücher, herrlich! Nach einer halben Stunde verabschiedete ich mich mit einer Packung Keksen im Rucksack und dem

Angebot, wenn ich mal wiederkäme, alleine oder mit meiner Frau, könnten wir im Obergeschoss übernachten.

Wenn jemand den Glauben an die Menschheit verloren haben sollte – in Begegnungen dieser Art kann man ihn wiederfinden!

Es folgten zwei kleine Orte, in denen ich die Augen nach einem Quartier offenhielt. Da nichts Geeignetes in Sicht war, lief ich müde noch sechs sich lang hinziehende Kilometer weiter nach Pauvres, ein 200-Einwohner-Dorf.

Es ging auf 18 Uhr zu, 34 Kilometer standen auf dem Tageszähler, es fing an zu tröpfeln. Ich sollte nun eine Unterkunft finden... Mehrere Anfragen bei Leuten, die ich auf der Straße traf, waren erfolglos. Sie waren nicht unfreundlich, wussten aber keinen Übernachtungsort für so einen wie mich.

Ich lief zum Ortsrand und sah eine junge Frau im Garten arbeiten, ein Kleinkind, vielleicht drei Jahre alt, turnte am Treppengeländer zum Haus herum. Ich sagte meinen Pilgerspruch auf, und wir kamen (auf Englisch) ins Gespräch über meinen Weg und meine Auszeit. Sie schaute sich dann nach ihrem Mann um, die beiden redeten kurz, dann meinte sie: „Ok, come in. Stay with us." Ich freute mich natürlich sehr über das Angebot, zumal der Regen stärker wurde, wollte mich aber auf keinen Fall aufdrängen, zumal sie ein Kleinkind hatten. Das sagte ich ihr auch. Darauf meinte sie: „Ach, drinnen sind noch zwei Kinder!"

Der Flur sah so aus, wie es bei Familien mit mehreren Kindern oft aussieht: Schuhe, Jacken und Zeug lagen kreuz und quer. Wir haben auch drei Kinder, die mal klein waren; der Zustand war mir vertraut. Drinnen im Wohnzimmer saßen zwei etwas ältere Kinder, Noah und Gabriel, ca. sieben und fünf Jahre alt. Sie schauten irgendeinen Trickfilm oder machten ein Videospiel.

Ich blickte mich um und war etwas baff: ich wusste nicht, wohin ich treten sollte, überall lagen Spielzeug oder Sachen, auf dem Boden, auf dem Tisch, einfach überall. Im Gegensatz zu diesem Chaos standen die Gastfreundschaft und Entspanntheit meiner Gastgeber, Lisa und Ludó: Lisa schob eine Ecke des Tischs und einen Stuhl frei, hieß mich Platz nehmen und fragte: „Wollen wir einen Champagner trinken?" – „Äh – oui."

Und so saß ich mitten in Kleinkinder-Haushaltschaos, trank mit zwei fremden Menschen Champagner und knab-

berte Nüsse! Ich halte mich selbst für einigermaßen gastfreundlich, aber das war schon noch eine andere Liga! Vive la France!

Abbildung 59: Bei Lisa und Ludó

Lisa räumte das Familienbadezimmer etwas frei, gab mir ein Handtuch und ließ mich duschen. Als ich wieder ins Wohnzimmer kam, hantierte sie in der Küche und bereitete das Abendessen vor.

Die Kleinste, Louna, taute mir gegenüber auf. Sie brachte Kinderbücher an, überwiegend mit Tieren, die wir zusammen anschauen sollten. So etwas mache ich sehr gerne. Nach einer Weile bekam sie allerdings mit, dass ich alle Tiere mit deutschen Namen benannte und die Szenen in einer für sie fremden Sprache kommentierte. Da verlor sie das Interesse und flitzte zu Mama in die Küche.

Es roch sehr würzig nach angeschwitzten Zwiebeln, und kurz darauf rief Lisa zum Essen. Der Allzwecktisch im Wohnzimmer wurde mit sechs Tellern bestückt, gerade nicht benötigte Dinge etwas zur Seite geschoben, und dann brachte Lisa einen großen Topf mit Spaghetti an, dazu Bolognese-Soße und geriebenen Käse. Es schmeckte toll!

Bevor der Nachtisch serviert wurde – mein Kommentar, ich sei schon satt, wurde mit: „Hans: Kein Essen ohne Nachtisch in Frankreich!" quittiert –, gab es noch einen Zwischengang: eine Käseplatte. Anschließend folgte Tüteneis aus der Gefriertruhe – für die Kinder war das der Hauptgang. Ich dachte, nicht das erste Mal, seit ich in Frankreich war: ‚Wir Deutschen sind Barbaren, was das Essen betrifft!'

Jetzt war ich geduscht, gut gesättigt und bei freundlichen Gastgebern, aber wo ich schlafen sollte, war mir noch unklar. Mein Rucksack stand in einer Ecke im Flur. Nun, hier ergibt sich vieles, auch das wird sich lösen.

So war es. Nachdem die Kinder noch eine Weile vor dem Fernseher auf der Couch herumgelungert und -gestritten hatten, schickten Lisa und Ludó sie ins Bett bzw. begleiteten sie. Danach bezog Lisa die Couch mit Bettzeug, wir unterhielten uns zu dritt noch etwas, und dann wurde es schnell still im Haus.

Ein Satz zur Unterhaltung: die beiden sprachen logischerweise französisch, mit Lisa verständigte ich mich auf Englisch und Ludó entstammte einer portugiesisch-französischen Beziehung; bei ihm konnte ich meinen Spanisch-Grundwortschatz anbringen. Wir Drei hatten also keine gemeinsame Sprache und kamen doch zurecht. Für das gegenseitige Verstehen braucht es, wenn Interesse und Zuwendung vorhanden sind, manchmal gar nicht viel...

Am nächsten Morgen machte Ludó für uns beide einen Kaffee, dazu ein paar Weißmehl-Zucker-Plätzchen. Er musste früh zur Arbeit fahren; er war als Maschinenbauingenieur bei einer Prüfstelle für Baukrane und Sondermaschinen angestellt. Vorher verabschiedeten wir uns, und ich ging leise aus dem Haus zu meinem Tagwerk: Laufen.

Über das Laufen

Mittlerweile war ich über 1.200 km gelaufen, der 59. Tag nach meiner Abreise in Meißen hatte begonnen.

Viele Bekannte und Freunde wunderten sich, wie weit ich schon gekommen war und was ich schon „geleistet" hätte.

Das empfand ich gar nicht so. Zum einen wollte ich das ja: Losgehen, irgendwo übernachten, weitergehen.

Und während beispielsweise Ludó oder meine Arbeitskollegen morgens zur Arbeit fahren, gehe ich auf die Strecke. Von sieben bis 16 Uhr sind neun Stunden, wenn man davon zwei Stunden für Pausen und Rasten abzieht, bleiben sieben Stunden. Bei einem normalen Wandertempo von 4 km/h kommt man so locker auf 28 km am Tag.

Dann ist es eine einfache mathematische Sache: wer jeden Tag 25 km läuft, hat nach 6 Tagen 150 km und in 4 Wochen 600 km bewältigt.

Nun ist das Laufen nicht jedermenschs Sache. Schließlich gab es auch ab und an Gegenwind, Regen, Hitze, monotone Strecken und Frustrationen bei der Quartiersuche. Und große Teile der Zeit allein zu verbringen, muss man auch wollen oder aushalten. Mir machte das nichts aus; im Gegenteil, ich habe diese Erfahrungen ja gesucht. Vielleicht hängt es daran, dass ich Wesenszüge eines „einsamen Wolfs" habe und mit mir meistens zurechtkomme.

Als Zwischenfazit kann ich sagen, dass mein vorheriges Anspannungsniveau wegen der alltäglichen Sorgen deutlich gesunken ist. Jetzt geht es vornehmlich um Essen, Trinken, Schlafen, Wegstrecke. Um sonst nichts bzw. nicht viel (Kontakt zu meiner Familie zum Beispiel oder die Kultur am Wegesrand).

Das – auch wenn das Wort abgedroschen wirken mag – entschleunigt mich sehr. Und meine Seele tankt auf, vor allem durch die Naturerfahrungen und die Begegnungen mit Gastgebern und Menschen am Weg.

Die Wegbefestigung dieses Tages war ideal: unbefestigte, ebene Feldwege. Der Rest des Tages war anstrengend: Ständig wehte eine steife Brise von Westen, so stark, dass ich meine Regenjacke als Windschutz anzog und meinen Hut gegen die Mütze tauschte, um die Ohren etwas zu wärmen. Im Windschatten eines Wäldchens oder einer Ortschaft zog ich mich wieder um, und das mehrfach.

Abbildung 60: Bei Gegenwind nach Westen

Als Tagesziel hatte ich das Dorf Heutrégiville angepeilt, eine Tagesreise vor der Kathedralstadt Reims. Unterwegs sagte mir eine Frau, dass es im nächsten Ort, in Warmeriville, ein Restaurant und Geschäfte gäbe. Und: „Bon courage, Monsieur!" – „Merci beaucoup, Madame!"

Das war ein guter Tipp. In Warmeriville, etwa 2.600 Einwohner (ich habe sie nicht gezählt, sondern eben bei Wikipedia nachgeschaut ;) suchte und fand ich das Restaurant, das zu meiner Freude auch geöffnet war.

Vor meiner langen Wanderung habe ich meist nur gegessen, damit man später keinen Hunger bekommt (das ist etwas überspitzt formuliert, aber ein „Schlemmer" oder kulinarischer Genießer war ich noch nie). Doch jetzt, nach einer langen anstrengenden Etappe, bei der ich mich gegen den Wind bis hierher gearbeitet hatte, brauchte ich Kalorien. Eine gute Gemüsetarte, Salat und als Nachtisch Erdbeerkuchen mit Kaffee. Danach sah die Welt wieder freundlicher aus.

Mit zufriedenem Bauch machte ich mich auf die Quartiersuche. Trotz vieler Misserfolge steuerte ich die Mairie an und fragte nach Unterkunftsmöglichkeiten. Die Frau am Schalter war sehr nett und schrieb mir zwei Adressen auf, an denen Zimmer vermietet würden. Bei der einen öffnete niemand, bei der anderen erfuhr ich von einer ebenfalls freundlichen Frau, dass man gerade umbaue und nicht vermiete. Und heute finde auch ein Familienfest statt, so dass sie mich privat nicht unterbringen könne. Aber sie kenne eine Pension im Nachbarort, für 42 € ohne Frühstück könne ich dort übernachten. Sie würde mich sogar dort hinfahren.

Das war zwar ein nettes Angebot, aber etwas in mir sträubte sich dagegen. Bisher war ich immer, manchmal nach längerem Suchen, irgendwo untergekommen, meist sehr gut. Jetzt in einer Pension abzusteigen, passte nicht zu meinem Stil. Irgendwie wollte ich nicht.

Ich lehnte dankend ab und lief zu einem Park, den ich von einer Runde durch den Ort schon kannte. In einer Ecke befand sich die Turnhalle einer Schule mit breitem Dachüberstand. Zur Not könnte ich Isomatte und Schlafsack dort hinlegen. Das gefiel mir aber auch nicht; ich dachte an streunende Hunde. Also schulterte ich meinen Rucksack und lief weitersuchend durch den Ort. Eine Frau, die mit Gästen im Garten saß, gab mir etwas ruppig auf Französisch zu verstehen, dass sich am Ortsausgang ein kleiner

Park befinde, dort solle ich übernachten. Ich fand die bezeichnete Stelle, eine kleine Grünfläche mit zwei Tisch-Bank-Garnituren, von der Straße durch eine Hecke etwas blickgeschützt. Dort packte ich mein Abendbrot aus und wollte mich anschließend auf dem Tisch in meinem Schlafsack ausstrecken.

Da sah ich aus den Augenwinkeln, wie in ca. 200 m Entfernung ein Landwirt eine große Maschine in seine Halle rangierte. Ich assoziierte: ‚Halle – Dach – Stroh – weiche Unterlage – Regenschutz‘, packte kurzentschlossen meinen Rucksack zusammen und lief dorthin.

Der junge Landwirt war gesprächig und sprach etwas Englisch. In der Halle parkte er seine Maschinen, genauer gesagt: Mähdrescher und lagerte Getreide. Stroh gab es nicht, stattdessen zwei Euro-Paletten. Dass ich dort übernachten dürfte, war kein Problem für ihn. Wir hatten uns inzwischen etwas vertraut gemacht; er hieß Gaidoz. Meine Wander-Auszeit schien ihm zu gefallen. Er zeigte mir, wo ich mich mit einem Wasserschlauch waschen konnte, legte ein Verlängerungskabel für mein Handy-Ladegerät heran und brachte mir zu meiner Abendmahlzeit, wieder Brot und Käse, eine Flasche Bier. Drei Grundnahrungsmittel und ein geschützter Platz zum Schlafen – das genügte mir.

Abbildung 61: Übernachtung in der Halle von Gaidoz

In dieser Nacht schlief ich relativ wenig, es war trotz meiner Isomatte (3,5 cm sind halt nicht viel!) sehr hart von unten. Dafür war es die rustikalste Unterkunft meiner gesamten Wanderung, im wörtlichen Sinn![1]

Am nächsten Tag stand ich um 5:30 Uhr auf, packte zusammen und lief nach Warmeriville zurück. Am Abend vorher hatte ich einen Bäcker entdeckt, der auch Kaffee ausschenkte. Nach zwei Café au lait und einem süßen Teilchen fühlte ich mich etwas wacher. Und mental war ich auch motiviert: gegen Mittag würde ich, so Gott will, in Reims sein.

4.4 Reims

Nach einem schönen, ruhigen Feldweg westlich von Warmeriville folgte eine kleine Asphaltstraße, dann eine breite und schließlich eine Ausfall- bzw. Einfallstraße. Schließlich ist Reims eine bekannte und große Stadt (ca. 180.000 Einwohner).

Über Airbnb hatte ich ein Zimmer für drei Nächte reserviert. Es lag östlich des Zentrums, so konnte ich meinen Rucksack abstellen, bevor ich mir die Stadt ansah.

Vor den kulturellen Bedürfnissen kamen jedoch die grundlegenden: Essen und Schlafen (die Bedürfnispyramide lässt grüßen!). Mein Vermieter, der etwa in meinem Alter war, das Haus in Schuss hielt und alte Möbel aufarbeitete, gab mir viele Kultur- und Restaurant-Tipps. In meinem Zustand waren das aber zu viele. Als ich mich endlich von seinem durchaus freundlichen Redeschwall befreit hatte, aß ich in der Nähe etwas und streckte mich anschließend in meinem Bett zum Nachmittagsschlaf aus – welch ein Segen!

––––––––––––––––––––––––––––––––

[1] Lat. rusticus: der Bauer

Gegen 18 Uhr ging ich, frisch geduscht und erholt, in die Innenstadt und erblickte die eindrucksvollste Kathedrale meines Lebens: Notre Dame de Reims.

Wahnsinn: Die Westfassade, an der sich, wie bei den meisten Kirchengebäuden, der Eingang befindet, war eine architektonische Wucht! Sie zog meinen Blick, meinen Geist nach oben. Obwohl ich schon viele, auch große Kirchen und Dome besucht habe, übertraf das doch alles, was ich bisher gesehen hatte.

Abbildung 62: Kathedrale Reims, Eingangsfassade

Der Innenraum war in anderer Weise beeindruckend: Obwohl sich viele Menschen, vermutlich überwiegend Touristen, darin befanden, lag eine Ruhe, Würde und Sammlung in dem Raum. Das Licht der teilweise Chagall-blauen Fenster, der riesige, hohe Raum, die stark gedämpften Außengeräusche – ich war sehr ergriffen. In einer Bank sitzend ließ ich diese Eindrücke auf mich wirken und dankte unserem Schöpfer für acht Wochen behütetes Laufen auf guten Wegen.

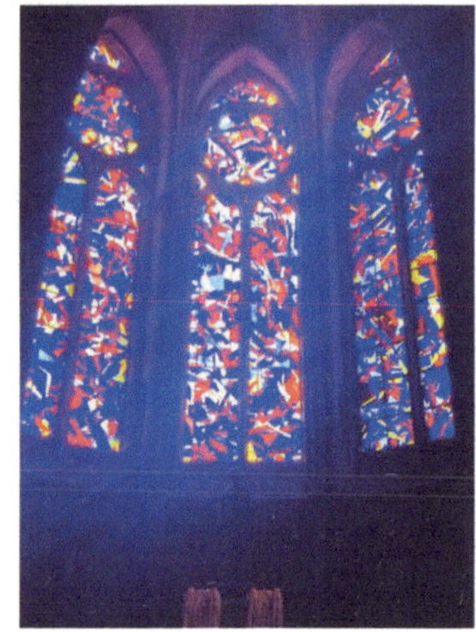

Abbildung 63: Kathedrale Reims, innen

Die Kathedrale von Reims gehört zu den Identifikationsbauwerken der Franzosen. Hier wurde etwa im Jahr 496 (die Angaben verschiedener Quellen unterscheiden sich um einige Jahre) der erste Frankenkönig Chlodwig getauft und später viele französische Könige gekrönt. Über 2.000 Skulpturen, einige davon bis vier Meter hoch, befinden sich an der Außen- und Innenfassade. Der Kirchenraum ist 138 m lang, die beiden Türme am Eingangsbereich 81 m hoch. Ich glaube, es ist die größte Kirche, in der ich je saß[1].

Als einer der Letzten kaufte ich einige Ansichtskarten, bevor die Kirche, ach, dieses Menschheitswunder, für heute geschlossen wurde.

Auf dem Platz vor der Kathedrale entdeckte ich zwei in das Pflaster eingelassene Tafeln mit französischer und deutscher Inschrift:

---

[1] Der Kölner Dom ist natürlich auch „groß". Auf eine Gegenüberstellung von Kennzahlen verzichte ich an dieser Stelle.

A n M o n s i g n o r e M a r t y
E r z b i s c h o f v o n R e i m s
Eure Exzellenz der Kanzler
Adenauer und ich suchen
Ihre Kathedrale auf,
um die Versöhnung von Deutschland und
Frankreich zu besiegeln
C h a r l e s d e G a u l l e
Sonntag, den 08. Juli 1962, 11:02 Uhr

Nach den vielen Kreuzen auf alten Kriegsgräberfriedhöfen und den Erinnerungsorten an Gräueltaten des 1. und 2. Weltkriegs, die ich auf dem Weg gesehen hatte, berührte mich diese Inschrift ähnlich stark, wie wenn ich nach einer Osternachtsfeier aus unserer Kirche in den beginnenden, hell werdenden Morgen heraustrete: „Christus ist auferstanden. – Er ist wahrhaftig auferstanden!"

Nach Jahrhunderten des gegenseitigen Sich-Bekriegens gab es Versöhnung zwischen unseren Völkern. Wann werden Tafeln dieser Art in Donezk, Gaza und vielen anderen Orten der Welt graviert werden?

Am nächsten Tag sah ich in den Seitengängen der Kirche Aufsteller mit Fotos, auf denen unsere Außenministerin zum 40. Jahrestag der deutsch-französischen Versöhnung Blumen an dieser Tafel niederlegt. Und als ich am übernächsten Tag in die Kathedrale ging, am 8. Juli 2023, lagen frische Blumengestecke mit den französischen und den deutschen Nationalfarben auf den Gedenktafeln. Wie schön!

Nachdem das schwere Holztor der Kathedrale verschlossen war, bekam ich Hunger. Ich folgte dem Strom der Leute, hörte Fetzen von Musik in der Luft und erlebte das letzte Lied eines Live-Konzerts am Place du Forum. Dann suchte ich mir in der gut gefüllten Fußgängerzone ein Lokal und aß etwas.

Eine fremde Stadt zu erkunden, gefällt mir sehr. Früher lief ich mit dem Stadtplan in der Hand herum, heute mit Blicken auf das Handy (obwohl der Überblick, die „Griffigkeit", das Haptische eines Papierplans auch etwas hat, finde ich). Ohne Verpflichtungen, ohne enges Zeitkorsett durch die Straßen zu stromern, an jeder Ecke Neues entdecken, wenn mir danach zumute ist, mich auf einen Kaffee oder ein Bier hinzusetzen – so ist das Leben schön! Und noch zwei Tage in dieser schönen Stadt lagen vor mir!

Am nächsten Morgen hing ich durch. Ich war etwas plan- und lustlos. Einerseits wollte ich mich ausruhen, andererseits auch etwas ansehen und erleben. Da fehlte mir der Dialog, der Austausch mit einem Mitwanderer.

Ich rappelte mich auf, ging wieder zur Kathedrale, dann zur Touristeninformation und zum Schalter der Verkehrsbetriebe, um mir eine Tageskarte für Busse und Straßenbahnen zu besorgen. Auf dem Rückweg kaufte ich etwas zum Mittagessen ein, verspeiste es in der Küche meiner Unterkunft und hielt dann ein ordentliches Mittagsschläfchen.

Danach plante ich meinen letzten Streckenabschnitt nach Paris und organisierte mir in der Nähe des Gare de l´Est eine Unterkunft. Das war mein Abfahrtsbahnhof für den Rückweg. Das Zugticket bis Mannheim kaufte ich gleich online. Ab Mannheim galt dann das Deutschland-Ticket.

Dabei überkam mich Wehmut und eine Art Abschiedsschmerz: mir wurde bewusst, dass ich nach etwa sieben Lauftagen an meinem Ziel, dem Eiffelturm, angekommen sein würde. Danach hatte ich vier Tage in Paris eingeplant, anschließend zwei Übernachtungen in Mannheim bei einem Freund, und dann würde ich zurück nach Meißen fahren und mich in Nürnberg mit meiner Frau treffen. Sie kam von einem Treffen ehemaliger Studienkolleginnen zurück. Dann waren noch zwei freie Wochen, in denen mein 60.

Geburtstag „stattfand", also gefeiert würde – und dann
ginge ich wieder zur Arbeit und die Anforderungen des Alltags begännen.

Über Abschiede und Veränderungen

Die vorstehenden Gedanken hatte ich am zweiten Tag in
Reims, am 61. Tag meiner Reise. Noch eine Woche wandern, und dann sollte meine Auszeit, auf die ich mich etwa
ein Jahr gefreut hatte, schon vorbei sein?

Ja. So war es. Kein Zustand währt ewig. „Beständig ist allein
der Wandel[1]", heißt es. Das in jedem Lebensabschnitt an-
zunehmen, nicht zu sehr an Bestehendem zu klammern,
sich dem Neuen in innerer Offenheit zu stellen – ich glaube,
daran wachsen wir, manchmal mit Schmerzen, manchmal
unbewusst und spielerisch. Diese Zeilen schreiben sich
leichter als den Inhalt zu durchleben …

Und noch etwas ging mir durch den Sinn. Ich notierte es
am zweiten Abend in Reims, als ich in der Kathedrale saß.

Erkenntnisse und Vorsätze
Nichts ist selbstverständlich:
- meine Gesundheit,
- mein „Glück" mit meinen Füßen und Schuhen: Ich hatte
  bisher keine einzige Blase,
- mein Rücken, der trotz einiger früherer Hexenschüsse
  und einer Bandscheibenoperation meinen Rucksack
  und mich ohne Beschwerden bis hierher getragen hat,

---

[1] Die Herkunft dieser Weisheit konnte ich nicht herausfinden. Ich
schrieb sie Goethe zu, fand dafür aber keinen Beleg. Auf jeden
Fall findet sie sich in der griechischen und japanischen Kultur –
und sicher nicht nur dort!

- die schönen Begegnungen mit den Menschen am Weg,
- noch so viel Anderes in meinem Leben, was an dieser Stelle zu privat ist.

Ich nahm mir vor, mehr Platz für Gottes Wirken in meinem Leben zu lassen. Das schließt Planen und Vorsorgen nicht aus. Aber ich will, wenn mein Anteil getan ist, mehr darum bitten, dass es Gott am Ende fügt. Und mehr vertrauen.

Wie ich bisher durch mein Leben und durch diese Wander- oder Pilgerstrecke ging bzw. geführt wurde, kann man zwar als Zufall bezeichnen, aber für mich ist da ein Guter Geist, ein Wohlwollen unseres Schöpfers erkennbar. Vor allem im Rückblick – und sowohl eine Woche vor dem Ende einer Elf-Wochen-Tour als auch mit 60 Jahren darf man, denke ich, zurückschauen – kann ich sagen: das Meiste war gut.

An meinem zweiten Ruhe- bzw. Stadtbummeltag in Reims nutzte ich das zuvor gekaufte Tagesticket und fuhr viel mit dem Bus. Ich schaute mir die St. Remi-Kirche an, in der sich das Grab des Hl. Remigius befindet. Er hat im Jahr 496 den Frankenkönig Chlodwig getauft. Die Kirche wirkt, im Vergleich zur hochgotischen Kathedrale, als romanisches Gebäude eher schlicht. Nichtsdestotrotz ist sie ein großartiges Bauwerk, wie die Bilder erahnen lassen.

Hier lebten 1.000 Jahre lang Benediktiner-Mönche, eine unvorstellbar lange Zeit.

Ich setzte meine Bustour fort und stieg an einer von mehreren Sektkellereien aus, die es in Reims gibt. Schließlich heißt die Gegend hier Champagne. Ich war nicht abgeneigt, eine Führung mitzumachen, aber der Eintrittspreis von 22 bis 52 Euro, je nach Umfang bzw. vermutlich nach angebotener Getränkemenge, schreckte mich ab. Hinzu kamen die Mengen von überwiegend amerikanischen und japanischen Touristen und, wenn ich ehrlich bin, meine Hunsrücker „Kaarischkeit"[1]

Da ich ja aus einer Weingegend stamme und auch in einer wohne, konnte ich mir vorstellen, wie es in einer Kellerei aussieht. Ich ging also zurück zur Bushaltestelle und besichtigte die Foujita-Kapelle, ein etwas abgelegenes, kleines Gebäude in japanischem Stil. Es war unter anderem für seine Glasfenster berühmt, die in der Werkstatt Simon-Marq gefertigt wurden. Dort wurden auch die von Marc Chagall entworfenen Glasfenster der Mainzer Stefanskirche und die der Kathedrale von Reims hergestellt.

Abbildung 64: Foujita-Kapelle

Die Kapelle ist benannt nach Tsuguharu Foujita. Er war ein japanischer Künstler, der die zeitgenössische europäische Malerei kennenlernte und 1913 nach Paris übersiedelte. Er verband in seinen Bildern die beiden Stilrichtungen und dekorierte 1965/66 die nach ihm benannte Kapelle mit bunten Fresken. Auch die Entwürfe der Glasfenster stammen von ihm.

---

[1] Von: karig, karg (gesprochen: „kaarisch"); liegt zwischen ‚geizig' und ‚sparsam'. Der Hunsrück war eine arme, karge Gegend; die Leute überlegten sich genau, wofür sie Geld ausgaben. Das steckt noch nach Generationen in meinen Genen.

Der Ort war eine Oase der Ruhe in der quirligen Großstadt. Nach zwei Tagen in Reims spürte ich, dass es für mich Zeit zum Aufbrechen war. Kultur und Essen gehen und Einkaufsmöglichkeiten waren ja schön, aber ich fühlte mich auf Wald- und Feldwegen wohler.

Am Abend, ein Samstag, suchte ich ein Restaurant zum Essen. Das war in der gut gefüllten Innenstadt nicht so einfach. Überall saßen Menschen an Tischen vor den Lokalen und genossen das Leben. Mir wurde erneut bewusst, dass Essen in Gesellschaft einfach besser schmeckt als alleine. Um mich herum saßen Familien, Paare, Freundeskreise und hatten sich viel zu erzählen, während ich alleine mein Bier oder Limo und einen Teller mit Essen vor mir hatte.

Tja: Jetzt wünschte ich mir Gesellschaft und kurz zuvor sehnte ich mich nach Ruhe, Natur und Einsamkeit: „Zwei Seelen wohnen, ach! in meiner Brust…"[1]

Am Sonntagmorgen brach ich auf, unterhielt mich noch nett mit Gilbert, meinem Vermieter, und ging dann zur Kathedrale, wo mein Weg nach Westen sowieso vorbeiführte. Um 9:30 Uhr fand dort eine katholische Messe statt. Für mich Frühaufsteher war das zwar „mitten am Tag", aber mit einem Kathedralsegen die letzte Etappe nach Paris zu beginnen, hielt ich für eine gute Idee.

Ich saß eine Stunde vor dem Wahrzeichen von Reims und betrachtete die Fassade. Dort befindet sich eine ganz berühmte Figur, der „Lächelnde Engel von Reims". Bisher habe ich ja schon einiges über „Engel am Wegesrand" erzählt, da passt dieser steinerne Engel gut dazu.

----

[1] J. W. v. Goethe: Faust I

1914 beschädigten deutsche Geschütze die Kathedrale
schwer, auch die Skulpturen der Westfassade litten sehr.
Der Kopf des Engels zerbrach und wurde nach einem alten
Gipsabdruck 1926 wieder ergänzt.[1] Der „barbarische An-
schlag auf einen wehrlosen französischen Erinnerungs-
ort"[2] förderte die Popularität des „Lächelnden Engels"
sehr. Viele der Franzosen, die erfuhren, dass ich in Reims
war, fragten, ob ich den „Lächelnden Engel" gesehen
hätte.

Abbildung 65: Der „Lächelnde Engel von Reims"

Aber auch ohne diese Geschichte aus der Geschichte zu
kennen, faszinierte mich die Figur. Oft wird „Kirche" und
„Glauben" mit einer gewissen Schwere und Bedrücktheit in
Verbindung gebracht. Unser ältestes Kind fragte mich, als
es im Grundschulalter war, einmal: „Papa, warum seid ihr
so ernst in der Kirche?" (als ich dort keine Witzchen und
Faxen machte, so wie öfter zu Hause). Ja, warum eigentlich?

Der lächelnde Engel strahlt so eine Leichtigkeit aus, finde
ich. Ja, er hat auch etwas Schelmisches, Schalkhaftes in seinem Blick. Diesen Engel anzusehen, wärmte mich im Inneren. Sein Blick begleitete mich lange…

---

[1] Aus: Wikipedia, eigene Zusammenfassung
[2] Französische Presse nach dem Angriff 1914, aus: Wikipedia

Gegen den Katholizismus kann man ja viel einwenden. Aber wer wie meine Frau und ich damit groß geworden ist (auch wenn wir den Schoß der „Mutter Kirche" mittlerweile verlassen haben und zur evangelischen Seite gewechselt sind), kommt in der ganzen Welt mit dem Gottesdienstablauf zurecht. Besonders gefallen hat mir, dass der Gemeindegesang von einem Vorsänger unterstützt wurde, der das Auf und Ab der Melodie mit der Hand anzeigte. Als musikalischer Laie (ich singe zwar gerne, den richtigen Ton treffe ich aber eher zufällig...) fand ich das sehr hilfreich.

Mit einem Orgelnachspiel von Johann Sebastian Bach (also ein Stück von ihm, gespielt vom Kantor) im Ohr verließ ich Reims.

4.5 Von Reims nach Paris

Große Städte haben es an sich, dass sie große Straßen und Außenbezirke um sich scharen. Dementsprechend waren die ersten Kilometer nicht romantisch, sondern monoton. Bevor die Bebauung ausdünnte, gönnte ich mir in einem Café einen eben solchen mit Milch und nutzte die Toilette. Das zu erwähnen ist nicht banal: In der freien Natur findet sich meistens eine Stelle für das kleine oder große Geschäft. Aber in der Bebauung und mit meinem Anspruch, nicht an Häuserwände pinkeln zu wollen, kann Toilettenplanung schon ein Thema sein. Ich glaube, die Frauen sind uns da, biologisch bedingt, einige Schritte voraus!

Es war Regen angesagt, und der kam auch. Erst leise nieselnd, dann sich verstärkend. Ich lief durch ein Industriegebiet und schaute mich nach einem Unterstand um. Vor mir entdeckte ich Menschen auf einem Parkplatz, der zu einer Kneipe oder Club gehörte. Es war eine Art Vereinslokal, in dem Leute unterschiedlichen Alters Poker spielten und später zusammen aßen. Jeder hatte etwas mitgebracht. An der Theke hantierte ein Wirt, der in ein paar Stunden eine Vorführung mit Axtwürfen machen würde. Ich ließ mich zu Kaffee und Limo nieder, es gab sogar eine Kleinigkeit zu essen.

Als nach zweieinhalb Stunden der Regen nachließ, ging ich weiter. Ich kam an Weinbergen mit Rebstöcken voller Trauben vorbei, so zahlreich und prall bepackt, das habe ich noch nicht gesehen. Später folgte ein Soldatenfriedhof mit exakt ausgerichteten, einheitlichen weißen Kreuzen und einer Tafel, die die Kämpfe im ersten Weltkrieg in dieser Gegend erläuterte.

Gegen 17 Uhr erreichte ich ein Dorf, fand dort aber kein Quartier. Müde lief ich in den nächsten Ort, nach Ville en-Tardenois. Das erste Haus war eine geöffnete Pizzeria. Wunderbar! Es war kurz vor 19 Uhr, und ich hatte Hunger. Größer war jedoch mein Bedürfnis zu wissen, wo ich übernachten könnte.

Die Inhaber, ein junges Pärchen, sprachen etwas Englisch und meinten, ich könnte vielleicht beim örtlichen Pfarrer übernachten. Sie riefen dort an und sagten mir: „Ja, das klappt. Er holt dich in einer halben Stunde hier ab." Toll, mein Stoßgebet vorher war erhört worden. Ich freute mich.

Der Wirt stellte mir ein Bier hin: „It's on the house." – „Merci beaucoup!" Er wollte natürlich wissen, was mich mit Rucksack hierhertreibt. Ich erzählte etwas und zeigte ein paar Fotos von meiner Familie und von Reims.

Nach einer Weile kam die Bedienung und sagte, dass die Übernachtung beim Pfarrer nicht klappen würde. Aber ich könnte bei ihnen übernachten. Hinter der Küche war ein Zimmer mit Doppelstockbett, dort verbrachte ihr etwa 12jähriger Sohn seine Zeit, wenn die Eltern in der Pizzeria arbeiteten. Eine Dusche gab es auch. Der Junge nahm seine persönlichen Sachen, die im Wesentlichen aus Handy und Kopfhörer bestanden und ging an die Theke zu seinen Eltern. Als Kind, das in einem Ausflugslokal großgeworden ist, kenne ich das…

Das Zimmer war zwar etwas unordentlich, in einer Ecke stapelten sich Pizzakartons, und das Waschbecken war schon länger nicht geputzt worden. Aber das war mir egal; ich säuberte es einfach („Please leave this room in the state in which you would like to find it." – We wisch you nice travelling wiss Deutsche Bahn sprechende Geräusche wundern. Er käme am nächsten Morgen gegen sieben Uhr und bereitete den Teig für den Abend vor – und für mich einen Kaffee, wenn ich wollte. So viel Gastfreundschaft und Vertrauen: hier hatte ich wirklich ein großes Los gezogen.

Am nächsten Tag lief ich durch eine sanfte Hügellandschaft, neben mir Wiesen und Felder mit goldgelbem, reifem Weizen und mit noch etwas grünlich-schimmernder Sommergerste. Die brauchte noch ein paar Tage Sonne.

Die Wege, über die mich mein GARMIN schickte, waren leider überwiegend Asphaltstraßen, jedoch wenig befahren.

Abbildung 66: Ländliches Frankreich, vor Courmont

In meinem Körper war etwas anders als sonst: Meine Nase lief, das Laufen fiel mir schwerer, so, als ob sich die Erdanziehungskraft verdoppelt hätte. Da war wohl eine Erkältung im Anmarsch. Bei dem strammen Westwind in den letzten Tagen war das kein Wunder. Auch jetzt war es sommerlich warm, ab und zu windstill, dann wieder sehr zugig.

Als ich am Nachmittag in einem kleinen Dorf, in Courmont, ankam, wollte ich mich am liebsten irgendwo hinlegen und liegenbleiben. Courmont war eines der vielen kleinen französischen Dörfer, in der es keine Geschäfte oder öffentlichen Einrichtungen gab. Nur eine Durchgangsstraße, einige Nebenstraßen, Zigarettenautomat, Schaukasten vor der Mairie, ein kleines Kirchlein, Ortsausgang.

Am Ende einer Seitenstraße sah ich eine Lagerhalle für landwirtschaftliches Gerät. Vielleicht könnte ich dort meinen Schlafsack ausrollen. Ich sah einen Landwirt mit einem Anhänger voller Getreide anfahren. Ich winkte und fragte nach einer Übernachtungsmöglichkeit hier in der Gegend. Er musterte mich kurz und sagte mit einem schönen französischen Akzent: „Du gansd bei mirr schlafen. Ich 'abe ein 'aus."

Ich erfuhr, dass Jean-Luc aus Belgien stammte und gerade mit der Ernte seines Weizens beschäftigt war: Auf dem Feld fuhr ein Freund von ihm den Mähdrescher, und er brachte mit Traktor 1 einen leeren Anhänger zu ihm und holte den auf dem Feld stehenden Traktor 2 mit gefülltem Anhänger ab und fuhr ihn in seine Lagerhalle. Ob ich eine Runde mitfahren wollte?

Ich liebe Traktorfahren; schon als Kind, als ich mit dem Fuß gerade einmal die Kupplung durchdrücken konnte, durfte ich ab und zu den Traktor und Anhänger unseres Nachbarn auf dem Feld ein Stück vorfahren, zum Beispiel bei der Rübenernte. Ich fühlte mich dabei wie ein kleiner König!

Ich legte Rucksack und Wanderstock ab – wir standen gerade vor Jean-Lucs Lagerhalle, dort verstaute ich beides -, schwang mich auf den Beifahrersitz und tuckerte mit auf das etwa zwei Kilometer entfernte Weizenfeld. Die Kabine des Traktors war angenehm klimatisiert, fast zu kühl für mein Empfinden. Als wir ausstiegen, brutzelte draußen die Sonne mit ca. 30°. Das war sowieso schon eine große Herausforderung für den Temperaturhaushalt des Körpers; mir gab es in meinem Zustand wohl den Rest. Aber als

Kind vom Dorf interessierte mich natürlich die Ernte, und ich leistete Jean-Luc gerne Gesellschaft.

Wir wechselten auf den zweiten Traktor, der schon vollgefüllt dastand und fuhren zurück in die Lagerhalle. Dort kippte Jean-Luc den Weizen aus; ich nahm einen Besen, der an der Wand lehnte und kehrte das Getreide etwas zusammen.

Jean-Luc hatte mir erklärt, dass er noch bis zum Dunkelwerden, also etwa bis 22 Uhr arbeiten werde. Ich sagte ihm, dass ich müde wäre und mich hinlegen wollte. Sein Haus lag auf der Route, auf der er den Traktor in einer Schleife durch den Ort wendete.

Er schloss mir sein Haus auf, zeigte Bad, Küche und meinen Schlafplatz: Eine Luftmatratze im Flur vor seinem Schlafzimmer. Seine Frau wäre gerade in Belgien bei den Kindern, sie käme am nächsten Tag zurück; ich wäre also solange alleine. Dann stieg er wieder auf seinen Traktor. „Bis später.“

Ich duschte, zog mich um und aß draußen auf der Terrasse Brot und Käse, dann streckte ich mich auf dem Schlafsack aus. Welch eine Wohltat! Nur die etwa 12 cm dicke Luftmatratze war etwas „schwabbelig“, aber egal, ich würde schon einschlafen.

Die Nacht war schrecklich: Ich schlief unruhig, schwitzte, hatte einen trockenen Hals, war mehrmals auf Toilette und fühlte mich am nächsten Morgen krank. Nach dem Frühstück meinen Rucksack aufzuschnallen und weiterzulaufen, konnte ich mir nicht vorstellen. Mein Körper wollte liegenbleiben und schlafen.

Ich quälte mich durch das Bad, zog mich an und ging in die Küche. Dort saß schon Jean-Luc und löffelte Müsli. Er bot mir einen Kaffee an: ein Schluck Kaffeekonzentrat in eine

Tasse, mit Wasser ergänzt und in die Mikrowelle gestellt...
Es gibt halt viele Arten der Kaffee-Zubereitung.

Auf meine Frage, ob ich einen Tag hierbleiben könnte, um
mich auszuruhen, weil ich etwas schlapp wäre, antwortete
er: „Das ist kein Problem." Ich dankte ihm sehr, warf mir
eine Ibuprofen-Tablette ein und legte mich wieder hin.

Das Problem entstand nach dem Mittagsschlaf: Als ich gegen 15 Uhr in die Küche kam, saß Jean-Luc traurig am
Tisch: „Meine Frau ist verärgert. Es gefällt ihr nicht, dass
jemand im Haus ist, wenn sie nachher kommt."

Ich schätzte Jean-Luc als einen ruhigen und folgsamen Ehemann ein (so wie ich[1]). Was ich keinesfalls wollte, war,
dass er wegen mir und seiner großzügigen Gastfreundschaft Stress mit seiner Frau bekam. Ich packte meine Sachen zusammen und stand zehn Minuten später auf der
Straße – nicht, ohne ihm herzlich gedankt zu haben.

Das Laufen fiel mir schwer; vermutlich hatte ich etwas Fie-
ber bzw. erhöhte Temperatur. Selbst in gesundem Zustand
war es in einem heißen Sommer nach 15 Uhr draußen
nicht gemütlich. Kein Baum, keine Hecke war zu sehen. Unser Zentralgestirn glühte mit voller Leistung am klaren,
blauen Himmel.

Doch ich hatte ja diese Form des Wanderns selbst gewählt.
Bei meinem bisherigen „Glück" bzw. Geschenken freundli-
cher Menschen am Wegesrand musste ich durch diese
Phase nun durch.

Sie währte nicht lange. Nach einer Stunde stand ein einsa-
mes Haus an der Straße, davor stieg eine Frau aus ihrem
Auto aus. Ich sprach sie wegen eines Quartiers an, sofort

---

[1] Selbst- und Fremdwahrnehmung können in einer Ehe durchaus
voneinander abweichen!

reagierte ein respektabler Schäferhund, der sicher nicht nur bellen konnte. Sie rief ihren Mann heraus, ich hörte ein „Oui", und dann bat sie mich herein. Der Hund wurde erst einmal ausgesperrt, ich in einen Sessel im Wohnzimmer platziert. Dort lief der Fernseher; der Mann, Michél, versuchte, sich mit mir zu unterhalten. Mit meinen 5 Sätzen auf einem Zettel und „merci, oui" waren die Grenzen sehr schnell erreicht; die beiden etwas älteren Leute sprachen keine Fremdsprache.

Dies war meine französischste Übernachtung der ganzen Tour. Leider war ich schlapp, hatte kaum Hunger und wollte eigentlich nur schlafen. Aber Michél bot mir erst ein Bier und dann Schnaps an und war froh, jemanden zum Mittrinken dazuhaben. Als ich den Alkohol ablehnte und stattdessen um einen Tee bat, schüttelte er verständnislos den Kopf. Dann bedeutete er mir, ruhig im Sessel sitzen zu bleiben und öffnete die Tür. Der Schäferhund stürmte herein und beschnüffelte mich Eindringling ausführlich. Er kam schnell zu dem Schluss, dass von mir keine Gefahr ausgehen würde und trollte sich. Dennoch machte mir Michél klar, dass ich mich bei dem Hund vorsichtig und ruhig verhalten sollte.

Im Obergeschoss gab es mehrere leerstehende Zimmer, vermutlich die der erwachsenen und entflogenen Kinder. Ein bezogenes Bett und eine Dusche warteten auf mich – und wieder fühlte ich mich reich beschenkt.

Kurz darauf rief die Dame des Hauses zum Abendessen: Rumpsteak, Taboulé und Möhrensalat, dazu natürlich Baguette und einen Teller mit Wurst. Mir war eher nach Tee und Salzstangen zumute, aber ich aß, mehr aus Höflichkeit, etwas von dem gut gemeinten Essen mit. Ich glaube, Michél wunderte sich wieder über mich (‚Was ist das für ein Wanderer, der nicht trinkt und nicht isst?').

Eine Unterhaltung nach dem Essen war hauptsächlich wegen meiner Schlappheit nicht drin, weniger wegen fehlender Vokabeln: Mit Fotos und einem Autoatlas kann man sich relativ gut und lange unterhalten, auch über Sprachgrenzen hinweg.

Am nächsten Morgen wärmte mir Michél eine Tasse Kaffee in der Mikrowelle und entließ mich auf die Landstraße, nicht ohne vorher den Hund festzuhalten.

Der Weg und der Tag zogen sich hin. Am Nachmittag kam ich in Etrépilly an, ein 800-Einwohner-Dorf. Nach zwei Runden mit einigen erfolglosen Quartieranfragen stand ich vor der Mairie. Sie war tatsächlich besetzt: der Bürgermeister und jemand, der gerade vom Rasentraktor abgestiegen war, unterhielten sich darin.

Auf meine Frage zu einer Übernachtung schauten sie sich erst ratlos an, dann meinte der Bürgermeister, ich könnte hier auf dem Gelände schlafen: eine ebene Rasenfläche mit integriertem Kinderspielplatz. Die Mairie besaß außen einen Wasseranschluss, da durfte ich mich waschen. Der Gemeindearbeiter war so freundlich, ein Verlängerungskabel aus dem Gebäude zu fädeln, damit ich mein Handy laden konnte.

Abbildung 67: Hart aber schön: in Etrépilly

Ich bedankte mich und richtete mich für den Abend und die Nacht ein: eine ebene Stelle für Isomatte und Schlafsack suchen, Abendbrot essen, Tagebuch schreiben. Ich legte mich nieder und beobachtete, wie es allmählich dunkler wurde und die ersten Sterne erschienen. Etwa fünf Meter neben mir grasten Kühe, zwischen uns ein Zaun; ich hörte ihr regelmäßiges Rupfen und Zermalmen der Halme im Maul: grrp, grrp, grrp... Wenn ich nicht so matt und der Untergrund etwas weicher gewesen wäre, dann wäre es ein perfektes Einschlummer-Erlebnis geworden.

Nach gefühlten zwei Stunden Nachtschlaf, in denen ich abwechselnd links, auf dem Rücken, rechts, dann wieder zurück und wieder hin gelegen hatte, stand ich auf, wusch mich am Wasserhahn und frühstückte Müsli mit kaltem Wasser. Das ist kein Lieblingsessen, aber ich habe mich daran gewöhnt: Besser als nichts im Magen und mehr, als manche Menschen auf der Welt zu essen haben.

Nach dem Einpacken schleppte ich mich den Weg entlang, immer noch schlapp und mit Infekt-Anzeichen. Ein Königreich für ein Hotelzimmer, dachte ich. Als ich am späten Vormittag herum ein Hinweisschild zu einer Herberge sah, ging ich ihm nach und kam zu einem Landgut mit einem gepflegten großen Garten, eher einem Park. Paradiesisch! Hier würde ich bleiben, egal, was es kostete.

Auf mein Rufen kam ein freundlicher Herr und sagte auf Englisch, dass sie Zimmer vermieten würden. Seine Frau hätte den Überblick (wie so oft!), sie wäre gerade zum Einkaufen gefahren. Ich sollte doch warten. Ich ließ mich draußen an einem Gartentisch nieder und ruhte mich aus. Doch nach kurzer Zeit kam der Mann wieder und sagte bedauernd, dass für heute und die nächsten Tage schon alles ausgebucht wäre.

Nun denn: Rucksack aufschnallen und weiter...

Der nächste Ort hieß Coulombs en-Valois. Dort hatte eine Bar geöffnet. Ich bekam dort Tee, aber kein Quartier, auch nicht in dem Ort. Aber ich sehnte mich nach zwei Ruhetagen, auch um den Infekt nicht zu verschleppen. Eine Recherche bei booking.com ergab, dass es im nächst größeren Ort, in Meaux (sprich „Mo"!) Zimmer gibt. Nach ein paar Minuten gehörte eines davon mir. Der Mann an der Bar sagte mir, dass vom nächsten Ort aus ein Bus nach Meaux fahren würde. Ich fand im Netz sogar die entsprechenden Verbindungen.

So zahlte ich und lief los. Die Bushaltestelle erwies sich als Bahnhof und die Verbindung war ein Regionalzug. Damit fuhr ich etwa 20 Minuten und stieg dann in Meaux aus. Das schien eine größere Stadt zu sein, was die Quirligkeit am und um den Bahnhof herum betraf. Ich fand nach einigem Suchen das gebuchte Zimmer bzw. Apartment und war glücklich über ein Bett, eine Kochgelegenheit und die Möglichkeit, mein Zeug abzulegen und hinter mir die Tür zumachen zu können.

In der Stadt waren viele Menschen unterwegs, denn die ‚Grande Nation' stand am Vorabend ihres Nationalfeiertags, des 14. Juli (was war da gleich noch gewesen?).[1]

Es gab Menschenansammlungen und Feuerwerk; Feierstimmung lag in der Luft. Nach einer kurzen Runde lag ich im Bett und schlief auf einer ordentlichen Matratze.

In der Stadt fand ich ein thailändisches Restaurant, das Hühnersuppe auf der Karte hatte – genau das Richtige für meinen Infekt-geschwächten Körper. Und die Suppe war frisch gekocht, mit Gemüse und guter Hühnerbrühe. Ich aß zweimal dort.

---

[1] Der Sturm auf die Bastille 1789, der Beginn der Französischen Revolution, in deren Folge Napoleon Bonaparte fast ganz Europa durcheinanderwirbelte.

Es war möglich, die Unterkunft um einen Tag zu verlängern, so hatte ich insgesamt drei Übernachtungen und zwei
volle Ruhetage.
Die taten mir
sehr gut. Ich ver-
brachte sie mit
Stadtbummel, auf
dem Bett liegend
Ansichtskarten
schreibend und
ausgiebigen Mit-
tagsschläfchen.

Abbildung 68: Meaux an der Marne

Außerdem recherchierte ich, wie ich zu Fuß möglichst weit
in das Stadtzentrum von Paris gelangen könnte. So weit
war es nicht mehr; auf der Karte gingen die Orte und die
Bebauung ineinander über.

Über booking.com suchte ich mir, mit Blick auf die Karte,
eine Unterkunft, die nicht zu weit weg von meiner Route
lag. In Claye-Souilly, etwa 20 km von meinem derzeitigen
Lager entfernt, wurde ich fündig. Und danach würde ich in
Paris einlaufen! Ich nahm mir vor, so weit zu gehen, bis mir
die Gegend nicht mehr gefällt: Durch Industrieanlagen
oder öde Vorortsiedlungen wollte ich nicht laufen, dann
würde ich mich in den nächsten Zug setzen und ins Zentrum fahren. Es sollte anders kommen...

Am nächsten Tag, einem Sonntag, brach ich von Meaux auf.
Den Gottesdienst in der Hauptkirche um 10:30 Uhr war-
tete ich nicht ab. Ich wollte unterwegs sein und lief aus der
Stadt heraus.

Zuerst musste ich mich wieder an das Laufen und das
Draußen-Sein gewöhnen: nach zwei Tagen überwiegend
drinnen fühlte ich mich anfangs etwas ... schwindelig, ist

übertrieben, sagen wir: Mein Kreislauf war noch im Energiesparmodus. Außerdem blies mir ein starker Westwind ins Gesicht, so stark und unangenehm, dass ich meinen Hut unter das Deckelfach meines Rucksacks packte und die Mütze aufsetzte. Einen Rückfall nach dem Infekt, der noch nicht ganz überstanden war, wollte ich kurz vor Paris wirklich nicht bekommen.

Aus der großen Stadt führte eine breite Asphaltstraße hinaus, die aber am Sonntagmorgen nicht sehr befahren war. Nach etwa zwei Stunden kam ich zum Canal de l'Ourcq, dem ich dann folgte.

Abbildung 69: Am Canal de l'Ourcq

Auf den sandgeschlämmten Wegen lief es sich sehr angenehm. Einen Vormittagskaffee hätte ich gerne genommen, aber leider gab es in diesem Wegabschnitt kein einziges Lokal.

Dafür sah ich gegen 13 Uhr in Fresnes-sur-Marne eine große Pizzeria. Die kam mir gerade recht! In meinem Wander-Outfit passte ich nicht ganz in die Reihe der Gäste: Ich sah überwiegend gut gekleidete Familien, die sich ein leckeres Sonntagsessen außer Haus gönnten.

Die italienische Bedienung (ich vermutete, die Pizzeria wurde von einer Familie betrieben – oder ist das ein Klischee?) wies mir einen Tisch zu und bediente mich freundlich. Nach Tortellini, Limo und Café lief ich zwar mit einem schweren Magen, aber wohlgemut weiter.

Gegen 15 Uhr erreichte ich das gebuchte Quartier. Es war ein Einfamilienhaus in einer Wohngegend von Claye-Souilly, ein Städtchen ca. 25 km vom Zentrum von Paris entfernt. Leider öffnete niemand. Ich hatte Zeit und wartete. Das Haus war wohl ein Neubau: Der Erdaushub, lehmiger harter Boden, lag grob planiert herum, zufällig angewehte Samen waren aufgegangen. Offensichtlich hatte niemand der Bewohner oder Eigentümer gärtnerische Ambitionen. Aber ich war hier nicht zum Bewerten, sondern zum Ausruhen und Übernachten!

Kurze Zeit darauf fuhr ein Mann mit zwei halbwüchsigen Jungs vor und sagte mir auf Englisch, dass seine Frau bald käme, ich solle noch etwas warten.

Nach einer Weile kam sie angefahren, eine Asiatin, die ein Zimmer des Hauses für Leute wie mich vermietete. Einer der Jungs holte ein paar seiner Klamotten und Schulzeug heraus, dann konnte ich mich dort niederlassen.

Nach dem Duschen ging ich eine Runde durch den Ort, um ein Restaurant zu suchen. Nach zwei Stunden Herumlaufen landete ich in einem Dönerladen. Dort lief der unvermeidliche Fernseher mit schmachtender arabischer Musik und einem jungen Liebespaar, das sich vor reich aussehenden Kulissen tanzend bewegte. Die beiden Angestellten oder Inhaber waren sehr kommunikativ, mit und unter einigen Gästen gab es offensichtlich eine Stammtischbeziehung.

Tagebuch schreibend beendete ich den Tag und machte
mir bewusst: ‚Morgen laufe ich in Paris ein. Morgen werde
ich am Eiffelturm stehen!‘ Nach 71 Tagen, davon 15 Ruhetage. Mir war mulmig zumute. Ein lang ersehntes Ziel nach
einer noch längeren Vorbereitung – äußerlich mit Besor-
gungen und Gewichtsberechnungen zum Beispiel, vor allem aber innerlich, nach so manchem Tagtraum und in der
Phantasie ausgemalten Szenen – war zum Greifen nah.

Einige meiner Bekannten wollten später wissen, ob ich
gerne noch weitergelaufen wäre und die Auszeit verlän-
gert hätte.

Nein. Diesen Gedanken hatte ich nie. Natürlich war ich
traurig, dass die selbstbestimmte Zeit des Laufens in der
freien Natur, diese Mischung aus Freude am Abenteuer des
neuen Tages und aus Bangen, wo und wie ich übernachten
würde, zu Ende ging. Aber ich freute mich auch darauf,
meine Frau, unsere Kinder und meine Freunde und Kollegen wiederzusehen. – Und dennoch: an diesem letzten
Abend vor dem großen Ziel schlief ich nicht so glücklich
ein. Wehmut – ja, ich glaube, dieses Wort trifft meine Stimmung am besten.

Meine Befürchtung, die letzten Kilometer vor Paris würden
durch graue, wilde Vororte oder Industriegebiete führen,
war unbegründet: Einheimische erklärten mir, und ich entdeckte es nun auch auf der Karte, dass der Canal de
l’Ourcq, eine 200 Jahre alte Wasserstraße, bis ins Zentrum
von Paris führt! Daneben verläuft ein Wanderweg, oft beid-
seitig des Kanals. Vive la France!

Und so sah dann der Weg aus, den ich bis zum Ostbahnhof,
dem Gare de l´Est, am 17. Juli lief:

Abbildung 70: Der Einlauf nach Paris; Gare de l´Est

Da habe ich schon unangenehmere Einläufe[1] in eine Großstadt erlebt. Nun, Paris hat schon Stil!

Noch wichtiger, als mein vorgebuchtes Quartier zu suchen
und meinen Rucksack abzulegen, war mir, in voller Montur
ein Finisher-Foto vor dem Eiffelturm zu bekommen.

Den Gare de l´Est hielt ich für einen würdigen Endpunkt
meiner Wanderung. Ich begab mich in das ehrwürdige Gebäude und besorgte mir unter langem Anstehen (an die
Automaten traute ich mich nicht heran) eine Tageskarte
und zehn Einzelfahrscheine für die Metro. Dann suchte ich
auf dem Netzplan den Weg zum Eiffelturm und fuhr mit
einmal Umsteigen dort hin.

Kurz nach dem Auftauchen aus der Station Bir-Hakeim
folgte ich den Hinweisschildern und sah dann den Eiffelturm. Im ersten Moment war ich etwas enttäuscht: Er
wirkte eher klein auf mich und nicht so mächtig, wie ich
ihn mir vorgestellt hatte.

Ich sprach einen Touristen an und postierte mich vor dem
Wahrzeichen der Stadt, nach dem Vorbild unserer jüngsten
Tochter. Sie hatte vor vier Jahren in Paris ein soziales Jahr

---

[1] Natürlich weiß ich, dass man mit „Einlauf" auch eine geplante
Darmentleerung bezeichnet. Aber „Einmarsch nach Paris"
möchte ich nicht schreiben, den gab es am 14. Juni 1940 …

absolviert und ein Bild von sich vor dem Eiffelturm in unseren Familienchat gestellt.

Mit dem Aufzug für viel Geld ganz nach oben zu fahren und das Pariser Häusermeer anzusehen, hat mich übrigens nicht gereizt. Jetzt an diesem Ort zu stehen, genügte mir vollkommen. Ich war am Ziel, an meinem persönlichen Ziel.

Abbildung 71: Am Ziel!

4.6 Paris

Mein Quartier befand sich in der Rue de la Chapelle im gleichnamigen Stadtviertel, nördlich des Gare de l´Est. Es war arabisch geprägt, sehr geschäftig und voller Menschen und Läden (das kann man vermutlich von vielen Vierteln in Paris sagen). Von der Straße bis in mein Zimmerchen waren fünf Türen zu öffnen, teils durch Eingabe von Codes. Eine ältere Dame vermietete hier zwei Zimmer mit gemeinsamer Badbenutzung an Touristen. Die Abwicklung der Anfragen über booking.com erledigte ihre Tochter.

In meinem Zimmer befanden sich ein Doppelbett, ein Schrank, ein kleiner Tisch mit Stuhl und die Andeutung ei-

nes Balkons: ein Austritt von ca. 80 cm x 80 cm. Für 60 €
pro Nacht im Zentrum von Paris und für meine Bedürfnisse war ich damit zufrieden.

Abends ging ich nebenan in ein afghanisches Restaurant
und aß etwas Herzhaftes: Hackfleisch, Bohnen, Salat und
Fladenbrot.

Insgesamt verbrachte ich drei volle Tage hier in Paris, dazu
den Ankunftsnachmittag mit Besuch des Eiffelturms. Ich
möchte an dieser Stelle keinen kleinen Reiseführer schreiben und nicht detailliert von meinen Besuchen verschiedener Sehenswürdigkeiten erzählen. Nur so viel: Außer einigen Stunden, die ich in Parks und Cafés zubrachte (und
sehr genoss), schaute ich mir an:
-   die Kirche Sacré Cœur auf dem Hügel des Montmartre;
    das benachbarte Viertel mit vielen Restaurants, kleinen
    Geschäften und leicht morbidem Charme gefiel mir sehr
    gut,
-   den Louvre und Leonardo da Vincis Bild der Mona Lisa,
-   den Jardin des Tuileries, Garten der Tuilerien, eine barocke Gartenanlage direkt neben dem Louvre (der
    Große Garten von Paris, aber der Große Garten von
    Dresden ist grüner und ‚rasiger‘),
-   eine Schifffahrt auf der Seine, die im Louvre-Ticket enthalten war: Ich hatte gelesen, dass man sich für den Besuch des Louvre vorher ein Ticket besorgen sollte, um
    lange Wartezeiten an der Kasse zu vermeiden. Bei der
    Suche im Netz fand ich nur ein Kombiticket für das Museum und die Schifffahrt.[1]
-   die Baustelle der 2019 teilweise abgebrannten Kathedrale Notre Dame,

---

[1] Das Kombiticket kostete im Netz 59 €; vor Ort kosteten die Tickets 17 € (Louvre) und 15 € …

- das Panthéon mit dem 67 m langen Pendel von Leon Foucault; damit wies er 1851 die Drehung der Erde nach,
- den Arc de Triomphe, der sich im Zentrum des Place Charles de Gaulle befindet. An diesem Platz treffen sich sternförmig 12 Straßen. Der Triumphbogen erinnert an die unbekannten Soldaten, die im 1. Weltkrieg bei den Kämpfen gegen deutsche Soldaten gefallen sind.

Abbildung 72: Paris, Sacré Cœur; Tuilerien Garten

Ein Erlebnis möchte ich noch erzählen: Ich wollte meiner Frau, unseren beiden Töchtern und einer guten Bekannten, die in diesen Tagen Geburtstag hatte, ein Souvenir aus Paris mitbringen. Meine Assoziationskette lautete: Paris – Parfum – Chanel N°5. Von einer sehr hilfsbereiten Mitarbeiterin der Tourist-Information im Gare de l´Est wurde ich zum Kaufhaus La Fayette geschickt.

Dort fand ich gleich eine freundliche, englisch sprechende Fachverkäuferin, die mir erläuterte, dass es mittlerweile drei Sorten des in meinen Augen berühmtesten Parfums der Welt gibt: die klassische Variante, ein Update für die mittlerweile auch nicht mehr ganz jungen Damen und ein neueres Update für die aktuell jungen Damen. Eine längere Verkaufsaktion schien sich anzubahnen, die mit meiner Vorstellung: ‚Rein, kaufen, bezahlen, raus‘ nichts zu tun hatte.

Ich durfte an allen drei Varianten von Chanel N°5 schnuppern: Die Verkäuferin tauchte einen Holzspatel in das jeweilige Fläschchen, pardon: Flacon, und gab es mir. Ich entschied mich relativ geruchssicher für die klassische Variante. Ich bat um vier der kleinsten Flacons und fragte, was eins kostete: „85 €, der Herr." Ich war sprachlos. Ich wollte nicht das ganze Regal, sondern nur ein bzw. vier kleine Fläschchen kaufen. Eins war so groß wie eine Zigarettenschachtel, Inhalt 35 ml.

340 € waren mir dann doch etwas zu preisintensiv. Ich entschied mich, nur ein Flacon für meine Frau mitzunehmen.

Zuhause erlebte ich, dass sich die olfaktorischen Vorlieben von Frauen und Männern doch unterscheiden (worin unterscheiden wir uns eigentlich nicht?). Aber immerhin steht nun in unserem Bad ein Flacon Chanel N°5, Direktimport aus Paris.

5. Heimweg

Am Freitag, den 21. Juli stieg ich in Paris, Gare de l´Est, morgens in einen ICE, der mich bis nach Mannheim brachte. Dort wohnt Rolf, ein Freund und Arbeitskollege aus dem ersten Büro in Siegen, in dem meine Berufslaufbahn begann. Der Vater meiner jetzigen Chefs in Dresden hat übrigens dort auch gearbeitet, allerdings viele Jahre vor mir. Dennoch empfinde ich das als eine schöne „Klammer" in meinem Berufsleben.

Bei Rolf und seiner Freundin Martina blieb ich bis zum Sonntagmorgen. Wir hatten uns zuletzt vor mehreren Jahren gesehen: Rolf, mittlerweile im Ruhestand, hatte zuvor ab und an beruflich in Dresden zu tun und übernachtete bei diesen Gelegenheiten bei uns. Manche Menschen trifft man nur alle paar Jahre einmal, und dennoch sind gleich wieder eine große Verbundenheit und ein Grundverständnis da, so auch mit Rolf. Das finde ich sehr, sehr angenehm.

An seinem Laptop begann ich, die ersten Gedanken und Sätze dieses Buches aufzuschreiben. Genauer gesagt, waren sie schon während des Laufens aufgetaucht und bewegten sich in meinem Kopf hin und her, verblassten und kamen wieder. Ich schrieb sie auf und schuf damit Platz für die nächsten Gedanken, die herauswollten...

Am Sonntagmorgen besuchte ich einen Gottesdienst in einer Kirche, die zwischen Rolfs Wohnung und dem Bahnhof liegt. Dann fuhr ich mit dem Deutschland-Ticket nach Nürnberg. Dort stand, wie verabredet (und oben schon erwähnt), meine liebe Frau am Gleis.

Nach elf Wochen umarmten wir uns wieder. Die fünfeinhalb Stunden bis nach Meißen hatten wir natürlich viel zu erzählen. Danach natürlich auch! Und nicht nur zu erzählen ...

Nachwort

Die hier beschriebene Reise oder der Pilgerweg, meine Auszeit, war eine der intensivsten Erlebnisse meines Lebens. Einige Begebenheiten, Einsichten und Erkenntnisse gebe ich mit diesem Buch gerne weiter.

Vielleicht denkt jemand jetzt: ‚Nicht schlecht, aber das könnte ich nicht, so weit laufen‘. Oder: ‚Die Zeit muss man erst mal haben!‘

Es geht nicht um Nachmachen. Jeder Mensch ist individuell. Und die Art des Zur-Ruhe-Kommens und Erholens auch.

Vielleicht kommt einer in einer Wohnung am Meer zu sich, die andere in einer Hütte am Fjord oder in einem Ferienhaus in der Provinz. Und ein Anderer bei einer Radtour nach Irgendwohin.

Abbildung 73: Paris, Jardin d'Acclimatation

Wenn ich jemanden mit meinem Büchlein dazu ermutigen kann, aus ihrem / seinem Alltagstrott herauszutreten und sich Zeit zu nehmen, die eigenen Bedürfnisse und die möglicherweise lange unterdrückten Wünsche aufsteigen zu lassen, dann freue ich mich sehr.

Das mag egoistisch und selbstzentriert klingen. Aber schon das Vorbild der Christen, Jesus von Nazareth, hat gesagt:

„Liebe deinen Nächsten wie dich selbst." Und ab und zu
auch etwas Zeitintensives für sich selbst zu tun, ist legitim
und notwendig. Danach fallen die äußeren Anforderungen
leichter.

Was hat mich in meiner elfwöchigen Auszeit beeindruckt?
Habe ich mich dadurch verändert? Was bleibt?

Am Abend, bevor ich nach Paris hineinlief, schrieb ich in
mein Heft:
- Das Grundgefühl der Dankbarkeit, das sich vom Anfang
  bis jetzt erhalten hat. Dass ich diese Auszeit machen
  durfte, sie mir zugestanden und beständig darauf hinge-
  arbeitet habe.
- Dass ich mich in meinem Tempo (das am Anfang zu
  schnell war!) in der freien Natur bewegen konnte.
- Dass ich Sonne, Wind, Regen und Krankheit überwun-
  den habe.
- Die Erinnerung an die netten Gastgeber und Menschen
  am Weg.
- Dass ich mit zehn Worten Französisch durchgekommen
  bin und Quartiere gefunden habe.
- Dass ich mehr gelernt habe, Dinge geschehen zu lassen,
  auf einen guten Ausgang zu vertrauen

Und nicht zuletzt, dass mich unser Herrgott so geführt und
alles zum Guten gefügt hat.

Dank

An dieser Stelle möchte ich allen Danke sagen, die mich beim Wandern und Schreiben unterstützt haben:

Meiner Frau Felicitas, die mich ohne Grollen hat ziehen lassen, elf Wochen alleine unser Grundstück bewirtschaftete und nicht meckerte, wenn ich stundenlang am Laptop saß und schrieb.

Meinem Chef, der meinem Auszeit-Wunsch offen gegenüberstand und sehr entgegenkommend bei der Zeit–Geld–Regulierung war.

Anna und Christian, die auf meine Wander-Ankündigung spontan antworteten: „Schreib doch ein Buch darüber!"

Meinen Korrekturleserinnen Sabine und Felicitas sowie den -lesern Hans, Andreas und Kai: danke für das intensive Lesen, für eure Hinweise und eure Zeit.

Meinen Mitpilgerinnen Constanze, Sabine und Beatrice: für die Gespräche und Anregungen, für das Interesse an meinem weiteren Weg in Frankreich.

Meinen Gastgebern, die mich, teils nach Vorankündigung, teils spontan, freundlich aufnahmen, sich für meine Unternehmung interessierten und mich beköstigten und beherbergten.

Und schließlich allen Freund*innen, Kolleg*innen und Bekannten, die meinen Weg mit Wohlwollen und Neugier aus der Ferne begleiteten, die mich ermunterten und motivierten: ihr gabt mir Flügel!

DANKE!

Meißen, Februar 2024

Abbildungsverzeichnis

Anhang: Streckentabelle

Datum	Tag	Ü-Ort	Ü-Platz	Tag	Gesam	Wo.	Los	Ank.	Gesamt	Gelaufen
				km	km	km				
08.05.2023	1	Leckwitz	Zelt	22	21,9		08:30	17:30	9h	04:42
09.05.2023	2	Strehla	Pilgerhaus	19	40,4		08:00	13:30	5h 30m	04:10
10.05.2023	3	Börln	Gem.raum	27	67,7		06:40	15:00	8h 20m	05:50
11.05.2023	4	Wurzen	Bioladen	16	83,8		07:00	11:00	4h	03:10
12.05.2023	5	Leipzig-Thekla	Gartenhaus	35	118,7		06:30	16:30	10h	06:37
13.05.2023	6			0	118,7	119			0	
14.05.2023	7	Kleinliebenau	Kirchenboden	24	142,8		11:30	16:30	5h	03:33
15.05.2023	8	Merseburg	Kirche	19	161,7		06:30	11:15	4h 45m	03:37
16.05.2023	9	Naumburg	Martin Vitt	36	197,6		06:00	16:15	10h 15m	07:24
17.05.2023	10	Eckartsberga	Kirche	26	223,1		08:30	16:00	7h 30m	05:30
18.05.2023	11	Stedten	Kirche	29	251,9		06:45	16:45	10h	05:50
19.05.2023	12	Erfurt	Opera-Hostel	27	278,4		08:40	15:30	6h 50m	05:20
20.05.2023	13			0	278,4	160			0	
21.05.2023	14	Gotha-Siebleben	Fam. Beutler Mönchsallee 5	25	303,3		11:15	17:45	6h 30m	04:55
22.05.2023	15	Kl. Hörselberg	Zelt	30	333,4		07:00	16:30	9h 30m	06:25
23.05.2023	16	Oberellen	Pension Stützel	26	359,3		06:15	15:45	9h 30m	05:45
24.05.2023	17	Dorndorf	Martina	27	385,9		07:15	14:45	7h 30m	05:20
25.05.2023	18	Hünfeld	Bonif.kloster	35	421,2		06:50	16:40	9h 50m	07:00
26.05.2023	19	Fulda	Franz.kloster	23	444,2		07:45	14:15	6h 30m	04:30
27.05.2023	20			0	444,2	166			0	
28.05.2023	21			0	444,2				0	
29.05.2023	22	Rückers	GH Grüner Baum	25	469,2		07:50	14:35	6h 45m	05:20
30.05.2023	23	Salmünster	Bild.- u. Exerzitienhaus	31	500,4		07:20	16:20	9h	06:40
31.05.2023	24	Gelnhausen	Stadthaus Obdachl.heim	21	521		06:50	12:50	6h	04:05
01.06.2023	25	Bruchköbel	Ev. Gemeindehs	32	553,4		06:50	17:00	10h 10m	06:44
02.06.2023	26	Frankfurt	Katha	18	571,8		06:40	12:10	5h 30m	03:50
03.06.2023	27	Okriftel	Fam. Weber	18	589,8		09:30	15:00	5h 30m	03:40
04.06.2023	28	Mainz	Zi. Weisenau, booking.com	27	616,8		07:30	17:00	9h 30m	05:15
	29			0	616,8	173			0	
06.06.2023	30	Bingen-Kempten	Bauer Schorsch	26	642,7		07:40	15:00	7h 20m	05:00
07.06.2023	31	Warmsroth	Heike & Roli	23	665,6		06:15	16:00	9h 45m	04:50
08.06.2023	32	Bad Kreuznach	Harald	8	673,6		09:00	11:30	2h 30m	
09.06.2023	33	Spall	Haus Gudrun	19	692,6		10:20	17:00	6h 40m	
10.06.2023	34	Forsthaus Hallschied	Moni	32	724,9		07:00	17:00	10h 0m	06:40
11.06.2023	35	Hochscheid / Kleinich	Pfr. Stefan Haartert	22	746,9		10:30	18:00	7h 30m	04:19
12.06.2023	36	Gräfendhron	Landgasthof	29	775,9		07:45	16:30	8h 45m	05:45
13.06.2023	37	Trier	Kolpinghaus	29	804,8	188,0	06:30	13:30	7h	05:19
14.06.2023	38			0	804,8				0	
15.06.2023	39			0	804,8				0	
16.06.2023	40	Saarburg	Ev. Kirche Orgelempore	26	830,4		07:30	14:45	7h 15m	05:10
17.06.2023	41	Mettlach	Ev. Gemeindehs	20	850,4		07:30	13:30	6h	04:00
18.06.2023	42	Bietzen	Garten des Mehr-generationenhs.	19	868,9		07:40	14:00	6h 20m	04:00

Datum	Tag	Ü-Ort	Ü-Platz	Tag	Gesam	Wo.	Los	Ank.	Gesamt	Gelaufen
19.06.2023	43	Saarlouis	Petrusbrudersch.	18	887,3		05:50	11:50	6h	04:00
20.06.2023	44			0	887,3				0	
21.06.2023	45	Diesen	Fam. Beck	26	913,4		07:30	15:30	8h	05:20
22.06.2023	46	Varize-Vaudoncourt	Leeres Haus	30	943,4		07:45	16:45	9h	05:20
23.06.2023	47	Metz	Airbnb bei Fred	26	969,1	164	06:10	12:40	6h 30m	05:00
24.06.2023	48			0	969,1				0	
25.06.2023	49	Rombas	Itam & Elise	27	995,6		09:00	16:45	7h 45m	
26.06.2023	50	Bure	Garten u. Zelt von Isabelle & Pascal	31	1.026,6		07:45	17:15	9h 30m	06:30
27.06.2023	51	Longwy	Abgeranztes Zi.	34	1.060,1		07:15	18:00	10h 45m	06:50
28.06.2023	52	Colmey, nach Longuyon	Schloss	31	1.091,1		06:30	17:15	10h 45m	06:30
29.06.2023	53	Montmédy	Gite, Gästehs. unterh. Zitadelle	25	1.116,2	147,1	07:30	17:00	9h 30m	05:20
30.06.2023	54			0	1.116,2				0	
01.07.2023	55	Les Deux Villes	Wintergarten von Evelyne & Gabriel	38	1.154,6		07:30	18:15	10h 45m	08:00
02.07.2023	56	Beaumont en-Argonne	Ferienhaus	26	1.180,7		07:30	17:15	9h 45m	05:15
03.07.2023	57	Le Chesne	Pfarrheim	28	1.208,7		07:40	15:30	7h 50m	05:40
04.07.2023	58	Pauvres	Lisa, Ludo, Kinder	34	1.243,0		07:25	18:00	10h 35m	06:50
05.07.2023	59	Warmeriville	Landmaschinen-halle	26	1.269,1		07:40	14:30	6h 50m	05:15
06.07.2023	60	Reims	Elie / Gilbert	23	1.292,0	175,8	06:00	12:00	6h	04:15
07.07.2023	61			0	1.292,0				0	
08.07.2023	62			0	1.292,0				0	
09.07.2023	63	Ville en-Tardenois	Pizzeria von Christel u. Richard	30	1.321,6		08:00	18:45	10h 45m	06:15
10.07.2023	64	Courment	Jean-Luc, belg. Landwirt i. R.	22	1.343,5		07:20	17:00	9h 40m	05:15
11.07.2023	65	RT, Nach Fresnes en-Tardenois	Michèle et Dubray	4	1.347,5		15:15	16:45	1h 30m	01:00
12.07.2023	66	Étrépilly	Spielplatz MAIRIE	24	1.371,6		07:20	14:50	7h 30m	04:30
13.07.2023	67	Meaux	booking.com Whg.	30	1.401,6		07:20	16:00	8h 40m	05:55
14.07.2023	68			0	1.401,6				0	
15.07.2023	69			0	1.401,6				0	
16.07.2023	70	Claye-Souilly	booking.com Whg.	22	1.423,4		09:15	15:15	6h	04:20
17.07.2023	71	PARIS	Airbnb	32	1.455,8	163,8	07:20	15:30	8h 10m	06:30
	72		Rue de la Chapelle							21
	72									26
	74									
21.07.2023	75	Mannheim	Rolf & Martina							
22.07.2023	76									
23.07.2023	77	Meißen								

Seite 2